乡村振兴院士行丛书

丛书主编　邓子新

NEW

XIANDAI NONGYE XIN ZHUANGBEI

现代农业新装备

本册主编　王爱民　左丛山

长江出版传媒　湖北科学技术出版社

图书在版编目（CIP）数据

现代农业新装备 / 王爱民，左丛山主编 .—武汉 : 湖北科学技术出版社，2023.3（2025.12 重印）
（乡村振兴院士行丛书 / 邓子新主编）
ISBN 978-7-5706-2372-3

Ⅰ . ①现… Ⅱ . ①王… ②左… Ⅲ . ①农业机械 – 基本知识 Ⅳ . ① S22

中国版本图书馆 CIP 数据核字（2022）第 253507 号

策划编辑：唐 洁 雷霈霓　　责任校对：王 璐
责任编辑：周 婧　　封面设计：张子容 胡 博

出版发行：湖北科学技术出版社　　电 话：027-87679468
地 址：武汉市雄楚大街 268 号（湖北出版文化城 B 座 13~14 层）　　邮 编：430070
网 址：www.hbstp.com.cn

印 刷：武汉市华康印务有限责任公司　　邮 编：430021

787mm × 1092mm　1/16　8.5 印张　150 千字
2023 年 3 月第 1 版　　2025 年 12 月第 9 次印刷
定 价：36.00 元

编 委 会

“乡村振兴院士行丛书”编委会

《现代农业新装备》编写名单

总 序

ZONGXU

十里西畴熟稻香，垂垂山果挂青黄。几十年前，绝大多数中国人都在农村，改革开放以后，才从农村大量迁徙到城市，几千年的农耕文化深植于每个中国人的灵魂，可以说中国人的乡愁跟农业情怀密不可分，我和大多数人一样每每梦回都是乡间少年的模样。

四十多年前，我走出房县，到华中农学院（现华中农业大学）求学，之后一直埋头于微观生物的基础研究，带着团队在“高精尖”层次上狂奔，在很多人看不见的领域取得了不少成果和表彰。党的十九大以来，实施乡村振兴战略，成为决胜全面建成小康社会、全面建设社会主义现代化国家的重大历史任务，成为新时代“三农”工作的总抓手。2022 年，党的二十大报告又再次提出全面推进乡村振兴，坚持农业农村优先发展，坚持城乡融合发展，加快建设农业强国，扎实推动乡村产业、人才、文化、生态、组织振兴等一系列部署要求。而实现乡村振兴的关键，就在于能有针对性地解决问题。对农业合作社、种植养殖大户等要加大农业新理念、新技术和新应用培训，提升他们科学生产、科学经营的能力；对留守老人、妇女等要加大健康保健、防灾防疫等知识的传播，引导他们更新生活理念，养成健康的生活习惯与生活方式；对农村青少年等要加大科学兴趣的培养，把科学精神贯穿于教育的全链条，为乡村全面振兴提供高素质的人才储备。

所以当 2021 年有人提议成立农业科普工作室时，我们一拍即合，连续开展了 38 场农业科普活动，对象涵盖普通农民、农业公司、广大市民、高校师生，发起了赴乡村振兴重点县市的乡村振兴院士行活动。农业科普活动就像星星之火，如何形成燎原之势，让科普活动的后劲更足，还缺乏行之有效的抓手，迫切需要将农业科普活动中发现的疑难点汇集成册，让大家信手翻来。在湖北科学技术出版社的支持下，科普工作室专家将市民、农民、企业深度关注的热点、难点和痛点等知识汇集成册，撰写成了“乡村振兴院士行丛书”。

本丛书重点围绕发展现代农业和大健康卫生事业两方面，对当前农业从业人员和医护人员普遍关注的选种用种、种植业新技术、水产养殖业、畜牧养殖业、农业机械化、农产品质量安全、特色果蔬、中药材种植及粗加工、科学用药理念及农村健康医疗救治体系建设等方面内容，分年度组织专家进行编写。丛书采用分门别类的形式，借助现代多媒体融合技术，进行深入浅出的总结，文字生动、图文并茂、趣味性强，是一套农民和管理干部看得懂、科技人员看得出门路，普适性高、可深可浅的科普读物和参考资料。

“乡村振兴院士行丛书”内容翔实，但仍难免有疏漏和不足之处，恳请各级领导和同行专家提出宝贵意见。

邓子新

2022 年 10 月 26 日

前 言

QIANYAN

农业机械化和农机装备是转变农业发展方式、提高农村生产力的重要基础，是实施乡村振兴战略的重要支撑。没有农业机械化，就没有农业农村现代化。习近平总书记指出，要大力推进农业机械化、智能化，给农业现代化插上科技的翅膀。

近年来，武汉市认真贯彻落实《国务院关于加快推进农业机械化和农机装备产业转型升级的指导意见》，主动适应经济发展新常态、农业供给侧结构性改革新要求，充分发挥政策的引导作用，大力推广先进适用、安全可靠、绿色环保的农机新产品、新技术，不断推进农机化转型升级，开启了智能农机应用新时代，江城大地“机器换人”步伐越走越快。

一是农机保有量迈上新台阶。数据显示，至 2022 年，全市农机总动力达到 244.85 万 kW，农作物综合机械化率达到 79%，其中水稻、小麦、油菜、玉米耕种收综合机械化水平分别达到 85%、89%、73%、73%，农业机械化已融入全市农业产业全链条。2 个区（黄陂区、江夏区）被农业农村部评为率先基本实现主要农作物全程机械化示范区。全市农机专业合作社 125 家，其中全国示范社 4 家、省级示范社 12 家。建成 8 个“全程机械化 + 综合农事”服务中心，推广“田保姆”模式盘活农村撂荒地，激活乡村振兴新动能。

二是全程全面机械化形成新格局。武汉在主攻主粮全程机械化的同时，特别重视蔬菜、畜禽、水产全面机械化，基本形成农业生产全程全面机械化新格局。蔬菜机械化方兴未艾，水平处于全国领先梯队，多次承办全国蔬菜生产全程机械化现场演示活动，武汉市露地结球甘蓝、韭菜机械化生产模式成功入选全国典型案例，制定了国家、省、市级不同品种蔬菜生产全程机械化技术标准 9 项；蛋鸡、生猪养殖机械化如火如荼，牵头制定了行业首部蛋鸡养殖成套设备配套技术规范，率先在全国开展蛋鸡养殖成套设备农机购置补贴试点，建成多座数字化猪场；水产业中陆基推水、圈养等工厂化生态养殖正在形成新时尚。在广袤的江城大地上，传统农业中依靠人力、畜力的历史正在被改写。

三是智慧农机实现新突破。武汉市借助国家北斗产业政策支持，依靠科教优势支撑，大力推进北斗卫星定位、物联网、大数据、移动互联网、智能控制等先进技术在农机装备上的应用，强化农业信息化和智能化装备，服务武汉市数字农业农村发展。至2022年，武汉市农用智能无人机突破500台，北斗农用智能监测终端超过2100台，农机数字化作业面积累计突破550万亩，无人驾驶拖拉机、联合收割机、插秧机等智能农机装备的应用，帮助武汉市智能农机示范基地实现了水稻生产全程无人化，智慧农机发展取得了新突破。

党的二十大提出，全面推进乡村振兴，加快建设农业强国，全方位夯实粮食安全根基，强化农业科技和装备支撑，确保中国人的饭碗牢牢端在自己手中，为开启新征程、扎实做好“三农”工作指明了目标任务、战略重点和主攻方向。

为更好地服务于新型农业经营主体和广大农民朋友，引导农机手根据实际情况科学选择适用的先进农机，为现代都市农业发展提供装备支撑，武汉市农业机械化技术推广指导中心多位专家、技术人员编写了“乡村振兴院士行系列丛书”之《现代农业新装备》。本书共分十一章，从粮油种植、蔬菜耕整、施肥、蔬菜种植、蔬菜收获、高效植保、农作物秸秆综合利用、农作物产后加工、畜禽养殖、智能农机、智能温室等方面，重点介绍了武汉市近年来引进推广的农机化新技术、新装备及典型应用案例。希望能对基层农机推广主体及农机应用主体起到一定的指导作用。由于我们水平有限，时间仓促，书中难免有疏漏和不足，敬请广大读者批评指正。

编　者

2023年1月18日

目录

MULU

第一章 粮油种植机械化新装备

第一节 水稻无人机飞播技术及装备

一、技术概要

水稻无人机飞播技术，是利用配套播撒装置的农用航空飞行器将水稻种子高效均匀地播撒到已耕整好的田块的现代化技术。20 世纪 90 年代，日本开始尝试将无人机进行农业生产应用。2014 年，我国华南农业大学科研人员利用自主设计的撒播机，在广州市开展了无人机播撒水稻实验，实验结果显示利用无人机飞播水稻具有应用前景。2018 年，深圳市大疆创新科技有限公司推出了农用无人机播撒装置，可用于播撒水稻种。2019 年，广州极飞科技股份有限公司推出了全自主播撒无人机，主要用于水稻直播。羽人无人机（珠海）有限公司也于 2019 年推出了水稻精量直播无人机。武汉市 2019 年引进了带有播撒装置的无人机，现已被武汉市种植大户接受并广泛应用于水稻飞播。该技术的优势主要体现在智能化，可实现一键起飞、自主智能作业、断点续航，省时节本效果明显。水稻飞播效率可达 50 ~ 100 亩 /h（1 亩 ≈ 666.67m^2），是传统人工撒播效率的 30 ~ 50 倍，是地面直播机械的 12 ~ 25 倍。另外，水稻飞播与机械化育插秧相比，仅需要耕整地、催芽及播种三个作业环节，省去了育秧、秧苗管理、运秧、插秧等过程，农艺简单，速度快，作业效率高，每亩可降低人工等成本 150 ~ 180 元。

二、技术模式

采用机械耕整、无人机飞播、无人机植保、无人机巡田、无人机变量施肥、机械收获、秸秆捡拾打捆离田和粉碎还田、稻谷低温烘干等机械化技术，实现水稻生产“耕 + 种 + 管 + 收 + 初加工”全程机械化轻简种植。

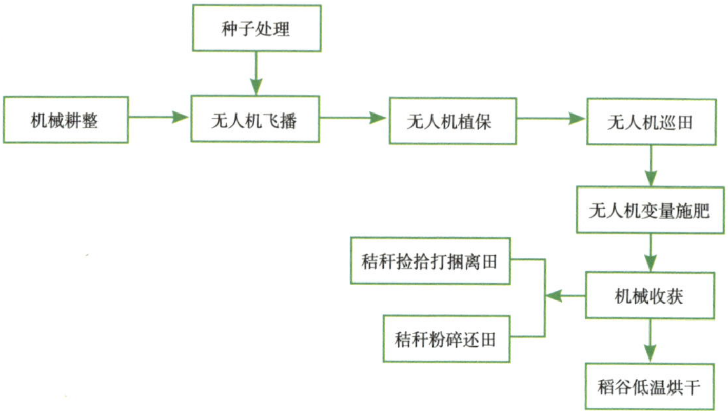

水稻生产“耕 + 种 + 管 + 收 + 初加工”全程机械化技术

三 装备配套

（一）大疆 T30 农业无人机

大疆 T30 农业无人机及其作业场景

机具特点：可用于水稻播种、撒肥、洒药等多场景播撒作业。全新播撒系统配备 40kg 大容量，肥料流速高达 40 ~ 50kg/min，播幅达 7m，每小时可撒肥 1t。无料报警更精准。具备自动绕障及仿地飞行功能，配合机身前后双第一人称主视角（FPV）摄像头及高亮探照灯，全方位、全天候保障作业安全。支持 5km 稳定图传，运行更稳定，可实现一控多机，效率翻倍。配合数字农业解决方案，实现变量播撒，助力减肥增收。

（二）大疆 T40 农业无人机

大疆 T40 农业无人机及其作业场景

机具特点：采用共轴双旋翼设计，载荷提升 30%，最大载荷达到 50kg，超大加料口，快捷加料。可折叠设计减少 70% 的收纳体积，方便运输转场。最大可承受风速 6m/s。T40 播撒系统适用于物料直径 0.5 ~ 5mm 的干燥固态颗粒，可用于水稻、油菜等的播种，以及固态肥施肥，最大播幅可达 7m。

（三）极飞 P80 农业无人机

极飞 P80 农业无人机的作业场景

机具特点：采用双离心播盘和螺旋式变量送料设计，使播幅大大提升至 6 ~ 10m，播撒更顺畅均匀，搭载 60L 播撒料箱，每小时可撒 2.4t 肥料或 1.6t 水稻种子，实现多场景播撒作业。

四　技术要点

1. 田块准备

播种前进行灭茬旋耕平整，整地时要做到耕层土壤上细下粗，表土起浆，田块平整度高低差≤ 3cm。田面沉实后开沟排水，确保播种时田面湿润无明显积水。

2. 无人机选择

选择具备智能控制、断点续航、自动避障、漏堵预警等智能化自主作业程度高，负载量大、续航能力强、稳定性和安全性高的多用途农用无人机。

3. 种子处理

选择生育期适宜、高产优质、适合直播的品种，如荃优 822、隆两优 8612、糯两优 561 等。播前进行晒种、除芒、选种、浸种、催芽、拌种、晾干等处理。种子破胸露白后应及时播种，种芽长度≤2mm。

4. 无人机飞播

分为无人机撒播和条播两种。播前规划好作业航线，设定好亩用种量、飞行高度等参数。播种量为杂交稻 1.5 ~ 2kg/ 亩、常规稻 2.5 ~ 5kg/ 亩。撒播飞行高度为 2 ~ 3m、播幅为 6 ~ 9m。条播飞行高度为 0.5m、行距 20 ~ 30cm，种子掉落行内幅宽≤8cm。

五 应用典型

武汉侏儒山丰盛祥农机专业合作社 2021 年水稻飞播服务面积达 4000 亩。其中，在蔡甸区洪北么沟村使用极飞 P 系列 2020 款农用无人机飞播杂交稻隆两优 8612 共 80 亩，收获烘干后实际产量为 531kg/ 亩。

极飞 P 系列 2020 款农用无人机的作业场景

第二节　水稻机插秧技术及装备

一、技术概要

水稻机插秧技术是将育好的健壮秧苗移栽到本田，是继品种和栽培技术更新之后进一步提高水稻劳动生产率的新的技术革命。水稻机插秧技术的优点：行距固定，株距、取秧量、插深可调，栽深一致；环境适应性强；栽插速度快、插秧质量好，生长期禾苗分蘖快、通风透光性好，抗逆性强；省工节本优势明显，每亩节省人工成本 100 元左右，节省秧田 90% 左右；早稻机插平均单产量比抛秧和人工插秧都高。

二、装备配套

（一）东风井关 PZ80 乘坐式高速插秧机

机具特点：可实现自动驾驶作业。自动转弯，且转弯时插植部可自动上升并切断插植离合器，停止插植，转弯完成后自动恢复插秧作业，转弯半径小。采用液压式无级变速（HST），最大作业速度可达 1.6m/s。配备辅助车轮，能够保持机体左右的平衡良好，采用加宽的踏板，在插秧机上移动的同时可以安全进行辅助作业，也提高了直行性。可以搭载更多的苗，长时间的连续插植作业也可以放心进行。具体参数见表 1.1。

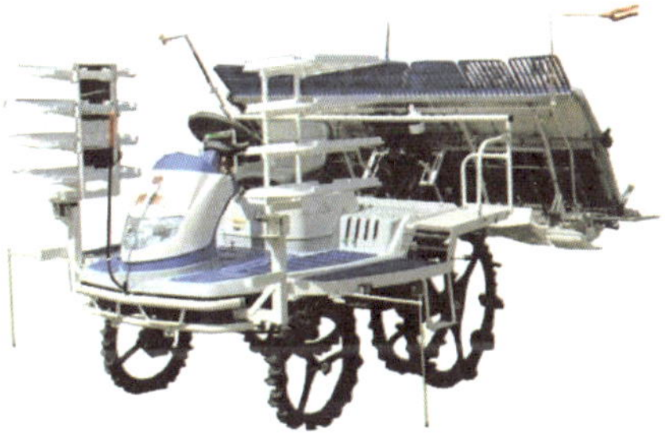

东风井关 PZ80 乘坐式高速插秧机

表 1.1　东风井关 PZ80 乘坐式高速插秧机参数

项目		参数
机体尺寸	长 × 宽 × 高（mm × mm × mm）	3130 × 2830 × 2425
	最小离地间隙（mm）	450
	重量（kg）	755
发动机	型号	E3112-UP（井关）
	功率（kW/rpm）	16.3/2600
行走部	变速方式	液压无级变速
	变速挡数（挡）	前进 2，后退 2
	作业速度（m/s）	0 ～ 1.8
插植部	插植行数（行）	8
	插秧行距（mm）	300
	插秧株距（cm）	25/21/18/17/14/12/11
	插秧深度（mm）	20 ～ 50（7 挡）
装置	插植平衡装置	有（液压）
	智能电脑版	有
作业效率（hm^2/h）		≤ 0.6

（二）久保田 2ZGQ-8D1 乘坐式插秧机

久保田 2ZGQ-8D1 乘坐式插秧机的作业场景

机具特点：动力强劲，大直径车轮，离地间隙高，配有防陷变速杆，适应水多或泥脚深的田块作业。性能稳定，作业效率高，散热器、控制阀、过滤器、电池等维护保养方便。具体参数见表 1.2。

表 1.2　久保田 2ZGQ-8D1 乘坐式插秧机参数

项目			参数
驱动形式			四轮驱动
结构质量（kg）			875
单位作业量燃油消耗量（kg/hm^2）			2.8 ~ 6.5
行驶部	转向方式		整体液压转向
	变速方式		HST
	变速级数（级）		主变速：前进后退无级变速（副变速：2 挡；防陷变速：2 挡）
	作业速度（km/h）		0 ~ 5.94
	最小离地间隙（mm）		500
插秧部	插植臂形式		旋转式强制插秧
	工作行数（行）		8
	行距（mm）		300
	穴距（mm）		100/120/140/160/180/210/240
	插秧深度（mm）		10 ~ 55（7 级）
	穴苗数调节量	横向移动次数	26/20/18/16
		纵向取秧深度（mm）	8 ~ 18
秧苗条件	秧苗种类		块状秧苗
	苗高（mm）		80 ~ 250
	叶龄（叶）		2 ~ 4.5
秧盘架（个）			8
警报装置			充电 / 油压 / 后退时 / 水温 / 秧苗用尽
作业小时生产率（hm^2/h）			0.2 ~ 0.6

三　技术要点

（1）插秧深度 1.5 ~ 2cm，每穴 3 或 4 株，相对均匀度≥ 85%；漏插率≤ 5%，伤秧率≤4%，行距20～30cm，株距14～20cm。

（2）田块要整平并沉淀，泥脚深度小于30cm，水深1～3cm。

（3）苗壮、茎粗、叶挺、叶色深绿，苗高10～20cm，秧苗叶龄2～4.5叶，插秧前床土含水率35%～45%，秧根盘结不散。盘育秧苗要求四边整齐。运送不挤伤、压伤秧苗。

（4）作业前要将插秧机安装调试好，先空运转10min左右，保证调整准确、工作可靠、取秧及入土深度一致、运转平稳。先进行试插，检查机组运转情况和插秧质量，如不符合要求应进行再调整直至达到要求。

（5）插秧过程中要经常进行插秧质量的检查，检查项目主要有插秧深度、每穴株数、漏插率、勾伤秧率等，检查结果都应在规定范围内，超过范围应找出原因，及时进行调整和处理，以保证插秧质量。

四 应用典型

武汉市黄陂区港湾永旺农机专业合作社2021年引进东风井关PZ80乘坐式高速插秧机，该机为8行，可实现自动驾驶、自动转弯、转弯时插植装置自动提升，作业效率约3亩/h，相比人工驾驶作业效率提升50%。

东风井关PZ80乘坐式高速插秧机的作业场景

第三节 油菜精量联合直播技术及装备

一 技术概要

油菜精量联合直播技术是集成开厢沟、精量播种、施肥、旋耕、灭茬、覆土等多项技术，以精量播种为核心，将油菜机械化生产的多个关键技术环节进行集成，以联合作业方式实施油菜栽培种植的一种油菜轻简化生产方式，可一次性完成旋耕、施肥、开种沟、精量播种、覆土、开厢沟等多项作业工序，大大提高了作业效率，每小时作业 12 ~ 20 亩。油菜精量联合直播技术不仅省工省时、省肥环保、作业成本低，且质量高、效果好，非常受农民欢迎。

二 装备配套

（一）华农 2BFQ-10 型油菜微垄联合直播机

华农 2BFQ-10 型油菜微垄联合直播机及其作业场景

机具特点：结合冬闲田油菜不争地的优势和油菜机械化种植率偏低的情况，针对长江中下游地区降水分布不均匀易发生水分胁迫影响油菜出苗、生长的问题，结合垄作栽培调控土壤系统的优势，研制农机农艺融合的油菜精量微垄联合直播机，实现机械化构建微垄种床，随速精量播种，提高播种后种子对干旱胁迫、涝胁迫的应对能力，为油菜稳产、高产提供技术支持。该机具集成了开畦沟、开种沟、灭茬、旋耕、播种与排肥、行株距调节、覆土等多个作业功能模块，一次性完成油菜种植所有工序。适用于稻油、稻麦轮作种植区域的油菜、小麦精量直播。具体参数见表 1.3。

表 1.3 华农 2BFQ-10 型油菜微垄联合直播机参数

项目	参数
长 × 宽 × 高（mm × mm × mm）	1200 × 2000 × 1400
整机重量（kg）	915
工作幅宽（mm）	1950
配套动力（ps）	75 ~ 110
作业速度（km/h）	1.43 ~ 5
畦沟深度（mm）	180 ~ 220
微垄间距（mm）	225/300
微垄深度（mm）	0 ~ 100（可调）
旋耕深度（mm）	150（最深）
播种方式	随速播种，速比可调
最大播种行数	10
油菜播种量（g/ 亩）	123 ~ 420
小麦播种量（kg/ 亩）	10 ~ 20
施肥方式	混施肥

（二）永祥气力式 2BDGH-08 电驱精量播种机

永祥气力式 2BDGH-08 电驱精量播种机的作业场景

机具特点：采用应用程序（APP）精准控制，利用风机吹出高速流动的空气并将种子均匀地呈带状输送到土壤里，形成种带的智能精量播种施肥。配备雷达自动测速、漏施监控、堵塞监控、料位监控等多种传感器。具有智能、同步、精准定位、精量控制、面积测量、故障报警等诸多优点，尤其对播种的控制极其精准，国际领先。具体参数见表 1.4。

表 1.4　永祥气力式 2BDGH-08 电驱精量播种机参数

项目	参数
结构形式	悬挂式
配套动力（ps）	≥ 100
播种形式	条播 / 撒播
播种行距（mm）	200 ~ 350（可调）
播种行数（行）	8
作业速度范围（km/h）	2 ~ 7
种箱容积（L）	75
播种范围（kg/ 亩）	0.3 ~ 0.6
排种器形式	电动槽轮滚筒式，气力强排
排量调节方式	APP 数字智能化输入
随速同步方式	同步雷达 + 智能电控
传动机构形式	步进电机
防堵塞、漏施或报警装置	有

三　技术要点

（1）油菜种子下种均匀，无明显断调，行距相同，行向笔直，播种深度 0 ~ 2cm，播量 0.15 ~ 0.2kg/ 亩，行距 300mm 左右。

（2）直播油菜的播期为 9 月中旬至 10 月上旬，推荐在 9 月 20 日至 10 月 10

日期间适期进行雨前早播。以 10 月底至 11 月初齐苗、冬前有 50 天以上的生长期为宜。

（3）在播前先进行各行排量均匀性和行距的调整，然后根据农艺要求调整播量。机械直播用种量一般控制在 150 ~ 200g / 亩。中稻田在 9 月 30 日以前亩用种不高于 150g，若种子保苗率在 80% 以上，一般按 2 倍的留苗密度控制播量以满足全苗要求，过多则增加间苗用工。

（4）播种时，在保证农艺要求的播量、播深和行距的前提下，要根据地块大小和形状选择最佳的行走路线和播种方法。在前进过程中不能随意停机；播种机未提升起来时，不能倒退；在播种过程中，机具转弯不宜过急。

（5）在油菜有 4 或 5 片真叶时，按当地农艺要求和密度一次性间苗。在花期喷施硼肥，可配合使用植保无人机，每亩用高效速溶硼肥 100g 加水 30kg 均匀喷雾，防止落花落果和花而不实，及时防治病、虫、草、鼠害。

四 应用典型

武汉市江夏区法泗街八塘村农民 2021 年使用油菜精量播种机播种油菜 500 余亩，平均每亩节本增收 80 ~ 100 元。

油菜精量播种机的作业场景

第四节　油菜毯状苗机械移栽技术及装备

一、技术概要

油菜毯状苗机械移栽技术是一种先在苗床育苗，再采用油菜移栽机把毯状幼苗移栽到大田的栽培方式。油菜育苗移栽能充分利用温光资源，缓和季节矛盾，确保粮油兼收。育苗移栽的油菜种子萌发并在小面积的苗床上生长，易管理，可以适时移栽，并且与水稻的收割错开，解决前后茬口矛盾，合理控制种植密度，充分利用土地、光、温等自然资源，延长了油菜的生育期，可充分发挥油菜的生产潜力，获得较高产量。

二、装备配套

（一）洋马 2ZYG-6 油菜毯状苗移栽机

洋马 2ZYG-6 油菜毯状苗移栽机及其作业场景

机具特点：采用世界首创的油菜毯状苗高速移栽技术，用“切块取苗，对缝栽插”方式，对土壤适应性强，摆脱了稻茬田黏重土壤流动性差的困扰。

移栽作业效率高，每小时可移栽 3.5 ~ 4 亩，小块田适应性好。移栽育苗亩用种 100 ~ 150g，相对于油菜直播可节省 2/3 的种子。油菜产量较同期直播高 15% ~ 20%。具体参数见表 1.5。

表 1.5　洋马 2ZYG-6 油菜毯状苗移栽机参数

项目		参数
整机重量（kg）		866
发动机	种类	水冷四冲程 3 缸柴油发动机
	输出 / 转速［kW（ps）/rpm］	15.4（20.9）/3200
行走部	车轮形式	前轮为实心橡胶轮胎，后轮为实心橡胶凸缘轮胎
	车轮外径(mm)×宽度(mm)	前轮 Φ650×95，后轮 Φ950×150
	轮距（mm）	前轮 1226，后轮 1210
	变速级数	前进 2/ 插植 / 后退 1/HTM 无级变速
移植部	移栽行数（行）	6
	移栽行距（mm）	300
	移栽深度（mm）	25 ~ 80（9 挡）
单穴苗数调节方式	移栽株距（mm）	180/160/140/120
	横向移动量（mm/ 次）	18/16、20/14、23/12（3 挡）
	纵向取苗量（mm）	8 ~ 18（11 挡）
覆土轮调节范围（mm）		55 ~ 75
作业效率（理论值）（亩 /h）		3 ~ 4

（二）江苏云马 2ZGK-6 型油菜联合移栽机

江苏云马 2ZGK-6 型油菜联合移栽机

机具特点：配套动力拖拉机，开展耕整地和移栽联合作业，可一次完成旋耕埋茬、移栽、侧深施肥、开厢沟等多环节作业，实现即耕即栽，抢墒移栽，作业效率高，成本低，成活率高，产量高。栽植频率为旱地移栽世界最高，达到 280 次 /min。对田间条件适应性最强，黏重土壤等各类土壤均能适应。具体参数见表 1.6。

表 1.6　江苏云马 2ZGK-6 型油菜联合移栽机参数

项目	参数
配套动力	120ps 以上轮式拖拉机
栽植行数（行）	6
栽植株距（mm）	12 ~ 22（多挡可调）
栽植合格率（%）	≥ 85
栽植频率［株 /（行 · min）］	≥ 280
秸秆覆盖率（%）	≥ 90
开沟尺寸（cm）	上口 20 ~ 25，下口 12 ~ 16，深 15 ~ 18
畦面平整度（cm）	≤ 3
作业效率（亩 /h）	4 ~ 6
适应秧苗	毯状苗

三　技术要点

（1）苗龄达 30 天以上，叶龄 5 ~ 8 叶时适时移栽。油菜苗移栽时需达到油菜毯状苗移栽指标：苗高达到 8 ~ 12cm，75% 以上的苗颈部直径大于 1.8mm，床土厚 2 ~ 3cm，且盘根好，双手托起时不断裂。

（2）移栽前一天需补足根部水分和肥料，保持 52% ~ 64% 的绝对含水率，以增加移栽时根部的带土量，提高油菜苗的成活率和成活速度。

（3）采用洋马油菜专用移栽机进行移栽作业前，要提前处理水稻秸秆，建议秸秆捡拾打捆离田后再耕整田块，完成旋耕开沟起垄作业，垄面宽 1.8m，垄高 15 ~ 20cm，碎土率≥ 70%。田面平整度要求横向 6 行间距范围内，没有超过 4cm 的凸起或凹坑。

四 典型应用

2021 年，武汉市黄陂区畅享荣达农机专业合作社在李家集仰山庙村开展了油菜毯状育苗移栽试验示范，规模 400 亩，产量比同期无人机飞播油菜产量高 30%。该合作社针对晚稻收获后的油菜直播茬口矛盾问题，采用油菜毯状育苗机械化移栽技术，有效错开农时，提高油菜产量，同时，配套稻油机收、机械化烘干等技术，实现再生稻 + 油菜移栽周年轮作全程机械化生产，为消灭冬闲田，解决土地撂荒问题，探索了一条新的技术路线。

武汉市黄陂区油菜毯状育苗移栽试验示范成果

第二章 蔬菜耕整机械化新装备

第一节 激光平地技术及装备

一、技术概要

激光平地技术是利用激光控制技术与平地铲相结合的土地平整技术。该项技术主要由激光发射器、激光接收器、控制系统和液压系统组成。工作原理是利用激光发射器发出一定直径的基准圆平面信号，装在平地铲支撑杆上的接收器将收到的信号发送给控制系统，控制系统处理信号后控制液压系统按要求控制平地铲上下动作，即可完成土地平整作业，实现农田的精细平整。该技术可用于播种前的农田表面平整，改善农田耕层质量，使水肥资源得到充分利用。

二、装备配套

GF12PJ-160 激光平地仪

GF12PJ-160 激光平地仪的作业场景

机具特点：适用于丘陵山区小地块或者大棚内平地，配套 40kW 以上的拖拉机，作业幅宽在 1.6m，作业范围可达 300m^2。具体参数见表 2.1。

表 2.1 GF12PJ-160 激光平地仪参数

项目		参数
工作幅宽（mm）		1600
配套动力（kW）		＞ 40
作业效率（hm/h）		1 ～ 1.4
作业速度（km/h）		5 ～ 15
工作行程（mm）		400
发射器发射距离（m）		≥ 300
接收控制器工作电压（V）		12
自动调平角度（°）		± 5
信号接收角度（°）		360
刮土板升降速度（mm/s）		升≥ 50
		降≥ 60
油缸沉降量（mm/h）		≤ 12
工作倾角（°）		10 ± 2
液压油压力（MPa）		12 ～ 16
轮胎型号		215/50R12
结构形式		牵引式
环境温度（℃）		5 ～ 40
外形尺寸	长（mm）	2650
	宽（mm）	1650
	高（非工作）（mm）	1100
整机重量（kg）		550

三 技术要点

1. 观察地情

作业前应观察待平整的土地情况，注意障碍物的位置。

2. 建立激光平面

根据拟要平整的土地大小来确定激光发射器的架设地点，一般选择地势较高的位置架设激光发射器，架设高度应超过拖拉机驾驶室，以确保平地机工作时所有位置都能接收到激光信号。一般待平整地块的长、宽超过 300m 时，激光发射器要架设在田块的中间，有利于平地基准的精确性；如果地块的长、宽小于 300m，可把激光发射器架设在田间的地头，有利于平地作业。

3. 测量场地

使用激光发射器前，用便携式检测器测出场地的平均标高，以平均标高最接近的标记处作为基准点，这个基准点就是平地铲的初始作业位置。

4. 平地作业

以基准点的位置为准，调整激光接收器的高度，使发射器发出的光束与接收器相吻合，即可按照要求开始平整作业。

四 应用典型

武汉市农业机械化科学研究所在武湖蔬菜基地开展激光平地作业

第二节 高速旋耕灭茬机械化技术及装备

一 技术概要

旋耕灭茬机主要工作部件包括灭茬刀轴、旋耕刀轴、变速箱、镇压滚筒等，能够在一次作业中完成灭茬、细碎土壤、覆盖、压平等多种工序，显著提高农业生产效率。旋耕灭茬机工作时，灭茬刀轴通过旋转的刀片先将根茬及附近的土壤进行旋切，后方的旋耕刀轴对灭茬后的土壤进行旋耕作业，土壤被切碎。置后的镇压滚筒将土壤进行一定程度的压实，使作业后的土壤更为平整，且易于播种。同时作业后的土壤结构上虚下实，可有效积聚降水，起到蓄水保墒的作用。

二 装备配套

璟田 1GQ-145 微耕机

璟田 1GQ-145 微耕机的作业场景

机具特点：配套 40ps 以上的拖拉机可快速高效旋耕、灭茬、整平，适用于蔬菜地、水稻田、小麦田、杂草荒地，灭茬效果好，能将玉米、茄子、辣椒等的根茬直接粉碎。土块粉碎细腻，打地的同时可以整平菜地，可配套后期的收获机具使用。具体参数见表 2.2。

表 2.2　璟田 1GQ–145 微耕机参数

项目		参数
结构形式		中间齿轮箱传动
长 × 宽 × 高（mm × mm × mm）		1520 × 820 × 850
结构质量（kg）		280
幅宽（cm）		145
耕深（cm）		20 ~ 25
传动方式		侧边齿轮传动
与拖拉机连接方式		三点悬挂
	设计转速（rpm）	155
刀辊	最大回转半径（cm）	250
	总安装刀数（把）	36
旋耕刀型号		左旋 RS–00804，右旋 RS–00805

三　技术要点

1. 机具准备

将旋耕灭茬机与拖拉机可靠连接，拖拉机的动力输出轴与旋耕灭茬机的传动箱连接的万向节、固定销安装可靠。灭茬刀轴和旋耕刀轴的刀片安装正确。

2. 用前调整

将旋耕灭茬机下降至地面，对灭茬刀轴和旋耕刀轴的水平位置进行调整，以保证灭茬和翻耕土壤的均匀性。将旋耕灭茬机下降至作业深度，观察其前后方向是否处于水平状态。

3. 作业质量要求

配套 40ps 以上拖拉机，要求耕深≥ 12cm，耕深稳定系数≥ 85%，耕后地表平整度≤ 5cm，碎土率≥ 80%，植被覆盖率≥ 55%，纯工作小时生产率≥ 0.19hm^2/h，无漏耕。

四 应用典型

武汉市东西湖区天下先现代农业园区蔬菜旋耕灭茬机械化技术演示现场

第三节　起垄机械化技术及装备

一、技术概要

起垄作业是蔬菜生产全程机械化的一个重要环节，关系着后续的移栽和收获的机械化作业质量。起垄机主要有悬挂式起垄机和自走式起垄机。悬挂式起垄机主要由悬挂架、机架、起垄犁、限深轮、镇压滚、起垄刮板、垄面刮土板和中央螺栓调节机构等组成。自走式起垄机一般为微型多功能管理机，动力为 8 ~ 12ps，具有结构紧凑、体积小、轮距可调等特点。自走式起垄覆膜机配挂相关独立单元，可实现旋耕起垄、覆膜铺滴灌一体化作业。

二、装备配套

（一）自走式起垄机

自走式起垄机的作业场景

（二）悬挂式起垄机

悬挂式起垄机的作业场景

机具特点：田间耕作后进行起垄作业，工作幅宽可调，可以控制垄距，起垄高，调整方便。作业垄面平整，适合在后期进行播种和收割作业时与播种机搭配作业。具体参数见表 2.3。

表 2.3　悬挂式起垄机参数

项目	参数
要求拖拉机马力（ps）	35 ~ 50
工作幅宽（cm）	85 ~ 120（可调）
工作垄高（cm）	20 ~ 25

三　技术要点

1. 田块要求

清除田块上的残株杂物。田块土壤的绝对含水率应在 15% ~ 25%。当土壤严重板结时，需在起垄作业前选用铧式犁、深松机、旋耕机等机具进行犁耕、深松、旋耕作业，这样才能使碎土质量达到起垄要求。

2. 机具要求

使用前应对机具进行检查调整，看紧固件在运输过程中有无松动，传动机构运转是否灵活，外漏部件有无弯曲变形、碰撞损坏等现象发生。

3. 作业流程

作业时，保持动力轮两轮中心与所起的垄中心对齐，进入地头后，缓慢放下机具，按要求进行操作与防护。按预先规划的机具作业轨迹进行。必要时，可提前辅以拉直线、设立参照物等。机具和操作人员应与拱杆、立柱等保持必要的安全距离。

4. 作业质量

要求起垄垄形完整，垄面平整，邻间垄距合格率≥ 80%，有利于机械化移栽和收获。

四 应用典型

武汉市蔡甸区旭光村利用自走式起垄机进行起垄作业，然后机械化直播萝卜。

自走式起垄机的作业场景

第三章 施肥机械化新装备

第一节 撒肥机械化技术及装备

一 技术概要

撒肥机械化技术是一种通过螺旋抛撒的形式，将肥料均匀施在田间，并根据肥料用量对设备进行调节，保证施肥作业快速进行的技术。运用撒肥机撒肥，既能改善土壤结构，提高土壤肥力，使土壤中肥、水、气达到协调，提高耕地产出率，又能减轻畜禽粪便、农作物秸秆及生产生活有机垃圾等多种废弃物对环境造成的污染，是实现农业可持续发展行之有效的方法。

二 装备配套

目前使用较成熟的撒肥设备主要为离心圆盘式撒肥机。它是由动力输出轴带动旋转的撒肥盘利用离心力将化肥撒出的，有双圆盘撒肥机与单圆盘撒肥机两种。撒肥盘上一般装有 2 ~ 6 个叶片，它们在转盘上的安装位置可以是径向的，也可以是相对于半径前倾或后倾的；叶片的形状有直的，也有曲线形的。前倾的叶片能将流动性好的化肥撒得更远，而后倾的叶片则不易黏附吸湿后的化肥。

（一）双圆盘撒肥机

机具特点：可撒播颗粒状、粉末状化肥，颗粒状有机肥和绿肥，可用于大田和果树施肥。撒肥圆盘可拆卸，叶片可快速调节以适应不同的工作模式，抛撒效率高。

双圆盘撒肥机

（二）单圆盘撒肥机

机具特点：单圆盘撒肥机结构简单，故障率低，可以抛撒各种不同种类的化肥。设备重量轻，对拖拉机提升力要求较小，可调节撒肥角度。与双圆盘撒肥机相比，肥箱较小，效率较低，但价格便宜，适用于小型地块。

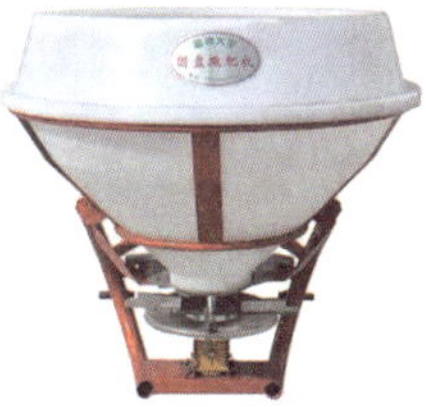

单圆盘撒肥机

（三）履带自走式撒肥机

履带自走式撒肥机

三、技术要点

撒肥机使用轻便，安装过程简单，使用率较高。根据肥料的颗粒大小可以对撒肥机进行调节，同时还可以调整抛撒的宽度和最大施肥能力，保证施肥作业快速进行。通常肥料颗粒比较大，撒肥的宽度也会增加，撒肥量相应减少。

（1）进行撒肥作业时如果风速比较大，单位面积的撒肥量会不断减小，如果撒施颗粒大小不一的化肥，撒肥的宽度也会发生变化，撒肥机进行实际操作时需要根据实际需肥量决定作业的抛撒宽度和数量（根据各设备操作说明进行调节）。

（2）通过设立标志物的办法确定准确的拖拉机行走路线，确保拖拉机走直，幅宽准确。

（3）撒肥工作应选择在无风或风力较小的天气进行。

（4）撒肥时，拖拉机的行走速度一般选择 8km/h。

（5）撒肥机装好化肥后，将拖拉机开进地里，距地头一个工作幅宽后停下，踩住离合器，挂好动力输出轴，按说明书挂好前进挡，用手油门把拖拉机发动机转数增至额定转数，定死，松离合和操纵液压操纵杆打开出肥口同时进行，向既定轨迹行走，开始撒肥。

（6）拖拉机到地头后先关闭出肥口，然后松手油门，停车或调头。

（7）撒肥前，检查撒肥机油杯和传动轴是否缺油，如果不足，应该及时添加。

（8）每次撒肥结束，应及时清洗撒肥机。仔细检查机器各零部件的破损情况，记录后上报，然后入库。如果露天存放，注意做防尘防晒处理。

四 应用典型

武汉市黄陂区利梓农机专业合作社使用单圆盘撒肥机给旱稻田施底肥。

单圆盘撒肥机的作业场景

第二节　侧深施肥机械化技术及装备

一　技术概要

侧深施肥（亦称“侧条施肥”“机插深施肥”）机械化技术是水稻插秧机配深施肥器，在水稻插秧的同时将肥料施于秧苗侧位土壤中的施肥技术。该技术可以达到提高肥料利用率，降低生产成本，减少环境污染，节约人工，增产增效的目的。水稻机插秧同步侧深施肥技术是施肥技术的重大革新，也是 2018 年农业农村部确立的十大引领技术之一。该技术能在水稻机插秧时，配套侧深施肥装置同步完成开沟、施肥、覆泥等作业，实现在秧苗侧深处定位、定量、均匀施肥，具有化肥使用总量少、施肥次数少、肥料利用率高、保障作物高产稳产等特点，是化肥减量增效的重要技术之一。插秧同步侧深施肥的机械化、一体化作业，不仅起到“减肥、减药、减人工”的作用，还实现了水稻的精准施肥和增产增收。较传统施肥来说，水稻侧深施肥每亩能节省肥料 20% ~ 30%，从而有效减轻了农业面源污染，提高了农田养分利用率。

水稻机插秧同步侧深施肥技术是在成熟的水稻机插秧技术基础上进一步机艺结合，将同步精量施肥机“嫁接”在高速插秧机上，在插秧的同时，将定量肥料精准推送到秧苗侧深 5cm 左右处，并由刮板覆盖于泥浆中。

二　装备配套

富来威 2ZG-6DMF 乘坐式侧深施肥插秧机

机具特点：配置洋马四冲程柴油发动机，采用四轮驱动，液压无级变速；6 行；施肥深度 40mm ；施肥量 12 ~ 78kg / 亩；配有缺肥和堵塞报警机构；作业速度 0 ~ 5.22km/h ；作业效率 0.4hm^2/h。

富来威 2ZG-6DMF 乘坐式侧深施肥插秧机

三 技术要点

（1）田块必须整理达标。侧深施肥设备对水田沉浆要求较高，沉浆不足的田块，开沟效果不佳，不能达到“侧四深五”的效果；沉浆过度的田块，开沟施肥后，回泥装置不能将肥料完全覆盖。

（2）田块的水分要控制在 1 ~ 2cm 的程度，否则会导致施肥不均。

（3）肥料必须选择优质颗粒肥。施用肥料选择养分比例合理，生产工艺好，直径 2 ~ 5cm，颗粒均匀一致的缓释复合肥。颗粒不均匀，机车颠簸和气吹过程中就会肥料分层，粒径小的和比重轻的肥料先被施入，会造成施肥不匀。不能使用受潮与结块的肥料。

（4）作业必须缓慢起步。肥料在插秧机起步同时从排肥装置处排出，但经由输送管道到达土壤还需要少许时间。作业开始时，应平缓地发动机器，突然起步（高速启动）的话，会有约 1m 的距离没肥，而慢慢启动的话则只有约 10cm 没肥。

（5）作业中不能急停。急停时在管道中流动的肥料会集中在一处排出，从而导致局部施肥过量，作物生长过旺。

（6）侧深施肥插秧机不能倒车，否则会造成施肥口的堵塞。

（7）整机作业时要注意机械的前后平衡，发现前轮有翘起现象应增加配重。

（8）插秧机驾驶员应仔细阅读《安全使用说明书》，能够熟悉侧深施肥机与高速插秧机的特性，特别注意插秧机起步与停车前的操作问题。

四 应用典型

武汉市江夏区金口街海勇农机专业合作社推广水稻机插侧深施肥技术，让农业更绿色高效。据海勇合作社负责人介绍，相比传统的施肥技术，同步侧深施肥技术具有精准、精量、深施的特点，可以减少化肥的施用量，降低田间面源污染，提高肥料利用率，省工省肥每亩可达 60 ~ 80 元，增产增收每亩可达 25 ~ 50kg，可产生良好的经济效益和生态效益。

水稻机插侧深施肥技术的应用场景

第三节 旱地施肥机械化技术及装备

一 技术概要

旱地施肥机械化技术是一种通过开沟条施的形式，将肥料均匀施用在田间，并根据肥料用量对设备进行调节，保证施肥作业快速进行的技术。施肥机常用于种肥、追肥，可联合播种、中耕等作业环节，实现一体化复式作业。

二 装备配套

目前我国施肥机设备类型较多，主要差异在于排肥器形式不同，大体上有水平星轮式、外槽轮式、螺旋式和振动式等几种类型。

（一）水平星轮式施肥机

水平星轮式施肥机主要工作部件为绕垂直轴转动的水平星轮。工作时，通过传动机构带动排肥星轮转动，肥箱内的肥料被星轮齿槽及星轮表面带动，经肥量调节活门后，输送到椭圆形的排肥口，肥料靠自重或打肥锤的作用落入输肥管内。常采用相邻两个星轮对转以消除肥料架空和锥齿轮的轴向力。该排肥器适合排晶状化肥和复合颗粒肥，还可以排施干燥粉状化肥。排施含水量高的粉状化肥时，排肥星轮被化肥黏附，易发生架空和堵塞。主要用于谷物条播机上。

水平星轮式施肥机

（二）外槽轮式施肥机

外槽轮式施肥机的主要工作部件是槽轮，工作过程类似于外槽轮式排种器，由排肥轮、排肥盒、挡圈、阻塞套、排肥轴和排肥舌等组成。工作时，排肥轴带动排肥轮转动，充满凹槽内的肥料随排肥轮一起转动，并被强制从排肥盒下部排出，这层肥料称为“强制层”。处于排肥轮外缘附近的肥料，由于摩擦作用和排肥轮轮缘突起的间断冲击作用也被带动起来，这一层肥料被称为“带动层”。带动层肥料的运动速度自里向外逐渐减小，直至为零。带动层外为静止层。随着强制层和带动层肥料的不断排出，静止层的肥料便依次向带动层和凹槽内补充，因而，排肥器就不断地工作。

外槽轮式施肥机结构较简单，排肥稳定性与均匀性都较好，适用于排施流动性好的松散化肥和复合粒肥。排粉状及潮湿的化肥时，易出现架空和断条等现象，且槽轮易被肥料黏附而堵塞，失去排肥能力。

外槽轮式施肥机

（三）螺旋式施肥机

螺旋式施肥机的主要原理是工作时螺旋回转，将肥料推入排肥管。排肥螺旋叶片有普通形、中空形和钢丝弹簧形三种。普通形叶片的施肥量大，但对肥料压实作用亦大，只适于排施粒状及干燥的粉状化肥，对吸水性强、松散性差的化肥，肥料易架空，叶片易黏附化肥而无法工作。中空形叶片对肥料压实作用较小、施肥量较前者均匀，其他特点与前者相同。钢丝弹簧形叶片不易被肥料黏附，排施潮湿肥料的能力较前两种强，但对吸水性很强而松散性较差的化肥如碳酸氢铵、粉状过磷酸钙、磷矿粉等的适应性仍然较差。在排肥量小时，螺旋式施肥机的排肥均匀性比较差。

螺旋式施肥机

（四）振动式施肥机

振动式施肥机由肥箱、振动板、振动凸轮等组成。工作时，凸轮使振动板不断振动，使化肥在肥箱内循环运动，可消除肥箱内化肥的“架空”，并使之沿振动板斜面下滑，经排肥口排出。排肥量大小用调节板调节，对流动性较好的化肥，可更换调节板。由于振动关系，肥料排量受肥箱内肥料多少、肥料密度及黏结力等的影响较大，排肥量的稳定性和均匀性较差。

振动式施肥机

三 技术要点

（1）要清理肥箱内的杂物和开沟器上的缠草、泥土，确保状态良好，并对各传动、转动部位按说明书的要求加注润滑油，尤其是要注意传动链条的润滑和张紧情况以及螺栓的紧固。

（2）与拖拉机安装挂接时，首先将拖拉机的悬挂机构与施肥机的挂接机构结合在一起，并销好。与拖拉机挂接后，不得倾斜，工作时应使机架前后呈水平状态。

（3）按使用说明书的规定和农艺要求，将施肥量调整适当。注意加好肥料。最好保持肥料干燥，以保证排肥流畅。

（4）为保证施肥质量，在进行大面积播种施肥前，一定要坚持试施 20m，观察施肥机的工作情况，进行检查，确认肥层深度是否达到农艺要求，再进行大面积作业。

（5）注意匀速直线行驶。机手选择作业行走路线，应保证加肥和机械进出的方便，施肥时要注意匀速直线前行，不能忽快忽慢或中途停车，以免重施、漏施；倒退或转弯时，应将播种施肥机提起。

（6）施肥时要经常观察排肥器以及传动机构的工作情况，如发生堵塞、黏土、缠草、肥料覆盖不严，应及时予以排除。调整、修理、润滑或清理缠草等工作，必须在停车后进行。

（7）施肥机工作时，严禁倒退或急转弯，提升或降落应缓慢进行，以免损坏机件。

（8）注意肥箱中肥料和各排肥口的下肥情况，一旦发现化肥在箱内有架空或排肥管有堵塞等现象，应立即停车进行排除。

（9）使用完毕后，应彻底清理机器各处泥土、杂草等，清空肥箱内的肥料，冲洗肥箱并晾干，涂防锈剂。

（10）脱漆处应涂漆。损坏或丢失的零部件要修好或补齐，存放于通风干燥处，妥善保管。

（11）传动部分及润滑嘴均应清洗干净，各润滑部位均应加足润滑油，链轮、链条要涂油存放，对各弹簧应调整到不受力的自由状态。

（12）机器上不要堆放其他物品。应放在干燥、通风的库房内，如无条件，也可放在地势高且平坦处，用棚布加以遮盖。放置时，应垫平放稳。

（13）长期存放后，应在下一季节施肥开始前提早进行维护检修。

四 应用典型

武汉市江夏区金口街海勇农机专业合作社利用旋耕机、播种机、施肥机相互配合，进行玉米机械化播种，抢抓春耕好时节。

旋耕机、播种机、施肥机的作业场景

第四节 无人机撒肥技术及装备

一、技术概要

随着科技的发展，种田技术也在不断提高。早先推出的无人机农药喷洒技术以及无人机播种技术都很大程度减轻了农民种植的困难，受到农民的极大欢迎。而无人机撒肥技术也得到了提升，已经能够做到精准施肥。技术人员只需要在手机上圈定农田区域，系统即可自动生成航线，无须人工操作，无人机便徐徐升空，在设定好的航线上来回穿梭喷撒肥料。肥料撒完或者电池耗尽，无人机还会自动飞回来加料充电，待工作人员完成肥料加注和电池更换，并在手机上点击确认，无人机便再次腾空而起。无人机施肥作业具有高效、精准的特点，在水稻、小麦返青分蘖时，用无人机施肥可大大缩短施肥时间，降低对秧苗的踩踏损伤；通过卫星定位操控，还可以实现精准高效作业，避免重喷漏喷、无效喷撒；传统施肥方式的肥料利用率较低，近年来液体氮肥、液体磷钾肥悄然兴起，凭借较高的利用率和良好的无人机喷施效果，极大地改变了传统追肥方式，在水稻、小麦、油菜等大田作业上的使用逐年增加，应用前景广泛。

二、装备配套

大疆 T30 农业无人机

机具特点：采用全新桁架式结构，可折叠，折叠后的机身比起原型缩小了80%，搭载了首创的球形雷达系统，新增顶视角，从而实现了飞行过程中的无盲区。搭载全新的播撒系统，配合 30kg 的超大载重量和 7m 宽的播幅，每小时可播撒 1t 尿素。配备了 29 000mAh 的智能飞行电池，单电可循环 1000 次，作业 30 000 亩。配备了充电站或充电管家，10min 就能完成急速充电，只需花费两组电池的电量就能完成循环作业。

大疆 T30 农业无人机的撒肥作业场景

三 技术要点

（1）无人机撒肥应避免在雨天作业。

（2）每次装料应在已安装电池的情况下进行，避免肥料进入分电板造成腐蚀。

（3）播撒作业前需完成去皮校准，播撒不同颗粒时，需进行流量校准，以便设置亩用量作业。

（4）严禁超出额定载重飞行。

（5）作业时禁止靠近无人机、触碰下料电机和播盘电机，以免造成人身伤害。

（6）撒肥作业应选择 150 ~ 300m 的短航线，避免长航线造成空飞时间增加，降低作业效率。

（7）注意颗粒箱的剩余物料是否充足。作业时也要密切关注播撒数据和无人机飞行状态，便于出现意外时能及时处理。

（8）将颗粒箱内的颗粒全部排空，在关闭电源后，用清水快速冲洗颗粒箱、送料器、播盘和出料检测模块上残留的物料，并置于阴凉处晾干。禁止在带电状态下进行清洗。不作业时，禁止在颗粒箱内堆积颗粒，否则容易因潮湿结块而影响电机启动或出料不准。禁止在播盘上长期堆积颗粒，否则颗粒潮湿会粘连拨片，影响播撒幅宽。

四 应用典型

武汉市黄陂区利梓农机专业合作社使用大疆 T30 农业无人机撒肥，省时省工，每小时可播撒 1t 尿素。

大疆 T30 农业无人机的作业场景

第四章 蔬菜种植机械化新装备

第一节 蔬菜育苗机械化技术及装备

一 技术概要

蔬菜育苗机械化技术是采用基质消毒、基质搅拌、精量播种、催芽、水肥控制等系列设备实现自动化播种和种苗管理，以获得整齐、优质、健壮成苗的技术，技术难点主要在播种环节。优点是与传统人工育苗方式相比，可以节省大量劳动力，提高种苗生产效率和生产质量，为蔬菜生产全程机械化奠定坚实基础。缺点是一次性投入成本高。

二 装备配套

赛得林 2YB-G1000 蔬菜花卉滚筒式播种机（流水线）

机具特点：自动化程度高，采用气吸式滚筒播种方式，从基质装盘、压穴、播种、覆土到喷淋，全机采用光机电体控制、无盘检测等创新技术，实现了蔬菜播种育苗的自动化流水生产，种子无须丸粒化，每小时可播种 1000 ~ 1200 盘。具体参数见表 4.1。

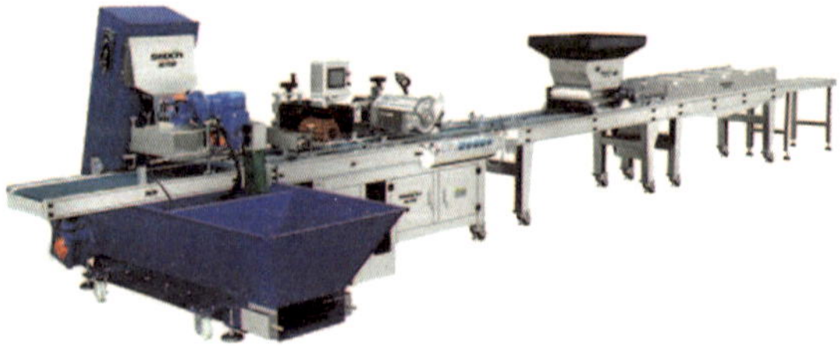

赛得林 2YB-G1000 蔬菜花卉滚筒式播种机（流水线）

表 4.1　赛得林 2YB-G1000 蔬菜花卉滚筒式播种机参数

项目	参数
外形尺寸（长 × 宽 × 高）（mm × mm × mm）	9560 × 2400 × 1800
播种精度（%）	≥ 98
空穴率（%）	≤ 1
小时生产率（盘 /h）	≥ 1000
种子破碎率（%）	≤ 0.1
整机重量（kg）	1600
排种器形式	自动气吸滚筒式
气源压力（MPa）	0.4 ~ 0.8
配套电机总功率（kW）	6
铺土厚度（mm）	20 ~ 120
覆土厚度（mm）	10 ~ 20
适用育种盘规格（mm）	宽度＜ 350，高度＜ 100
配套动力类型	电动机动力驱动

三　技术要点

以穴盘播种流水线育苗为例。

1. 穴盘准备

根据不同蔬菜种类和成苗标准，选择规格合适的穴盘，并用 0.2% 多菌灵溶液浸泡 12h 或用 0.1% 高锰酸钾溶液浸泡 30min 进行消毒，消毒后将穴盘用清水洗净。

2. 基质准备

根据蔬菜种苗生长要求选择合适的基质。基质应符合 NY/T 2118-2012 的质量规定，并置于高温蒸汽下进行 1 ~ 5h 的消毒，用基质搅拌机将其含水量调整到合适水平后装入播种流水线的基质装盘部件中。

3. 种子选择

根据生产需要选择适合的品种，种子各项质量指标应符合相应国家标准或行业标准的规定。

4. 机具准备

将播种机流水线放置在宽敞、平坦、坚固的场地上，检查和调整各传动件状态、易损件的磨损情况、紧固件的紧固状态，按使用说明书调整到最佳工作状态。

5. 播种

将适量的种子装入盛种部件中，启动播种流水线将种子播入穴盘孔穴中，播种后用适量的基质将穴盘孔穴覆盖刮平。播种合格率应≥ 90%，种子破损率应≤ 0.5%，空穴率应≤ 5%，重播率应≤ 5%。

6. 催芽

分为催芽室催芽和苗床催芽。催芽室催芽时将穴盘码放在消毒后的隔板上，并经常洒水或喷雾增加空气湿度，待种子 60% 以上破土后挪出；苗床催芽时将穴盘摆放在消毒后的苗床上，穴盘上覆盖塑料薄膜保湿，当种子 60% 以上破土后揭去薄膜。

7. 苗期管理

按照不同蔬菜子苗生长农艺要求，严格控制温湿度，适当添加水肥，以获得壮苗。

四 典型应用

武汉维尔福生物科技股份有限公司建有 4000m^2 的育苗车间，采用机械化育苗流水线作业，实现茄子、黄瓜、辣椒、苦瓜、包菜等蔬菜类种苗周年生产供应。

机械化蔬菜育苗作业成果

第二节　蔬菜移栽机械化技术及装备

一　技术概要

蔬菜移栽机械化技术，是用机具将已培育好的蔬菜苗从育苗器皿中栽植到土壤中的技术。相较于蔬菜直播，移栽的优点是苗期管理更便利，可以提高标准化生产水平，增多复种茬数。我国在20世纪70年代后期开始研究蔬菜移栽机，早期的研究主要集中在引进并改造发达国家的机械化技术，近年来随着工业化的进步，相关技术发展较快，现已拥有多种类型的蔬菜移栽机，有半自动化的和全自动的。

二　装备配套

（一）富来威2ZQ型移栽机

机具特点：为钳夹式移栽机，属半自动机型，集开沟、栽植、覆土、镇压、浇水等多种功能于一体。工作过程中，需要将蔬菜秧苗放置到钳夹机构上，秧苗随着钳夹一同运动到移栽位置后，钳夹自动打开使其落入移栽苗沟，再通过后方的覆土镇压结构进行土壤覆盖和压实，从而实现移栽的过程。具体参数见表4.2。

富来威2ZQ移栽机

表4.2　富来威2ZQ型移栽机参数

项目	参数
配套主机（ps）	拖拉机（30～90）
外形尺寸（长×宽×高）（m×m×m）	3×（1.9～4）×1.2

续表

项目	参数
行数（行）	2 ~ 7
行距（mm）	250 ~ 500（可调）
株距（mm）	120 ~ 520（可调）
栽植深度（mm）	40 ~ 100
立苗率（%）	≥ 95
成活率（%）	≥ 90
灌水量（mL/ 穴）	0 ~ 120（可调）
施肥量（kg/hm^2）	0 ~ 180（可调）
作业可靠性（%）	≥ 90
水箱	按需配置

（二）东风井关 PVHR2 乘坐式蔬菜移植机

东风井关 PVHR2 乘坐式蔬菜移植机

机具特点：为吊杯式移栽机，属半自动机型。工作过程中要将蔬菜钵苗轮流放入吊杯里面，吊杯随圆盘向下转动，下方的鸭嘴在土壤上压穴，并打开让钵苗掉落至穴中，再通过后方的覆土镇压结构进行土壤覆盖和压实，从而实现移栽的过程。具体参数见表 4.3。

表 4.3　东风井关 PVHR2 乘坐式蔬菜移植机参数

项目		参数
机体尺寸	长 × 宽 × 高（mm × mm × mm）	2050 × 1600 × 1500
	机体重量（kg）	240

续表

项目		参数
发动机	型号	FJ110G（川崎）
	功率 / 转速（kW/rpm）	1.5/1700
行走部	变速方式	机械变速
	轮距调节（mm）	845 ~ 1045(内车轮)/1150 ~ 1350(外车轮)
	倾斜角度（°）	左、右各 5
插植部	插植行数	2
	行距（cm）	30 ~ 40，40 ~ 50
	株距（cm）	30/32/35/40/43/48/50/54/60
工作效率（株 /h）		3600（根据苗、田块情况有所变化）

（三）洋马 2ZQ-2（PF2R）型全自动蔬菜移栽机

机具特点：属全自动机型，可在起垄（单垄两行、两垄两行）、平地等状态下松土移栽，可以一体化完成镇压、取苗、开孔、落苗、覆土移栽等作业，操作简便，高效精准。具体参数见表 4.4。

洋马 2ZQ-2（PF2R）型全自动蔬菜移栽机

表 4.4　洋马 2ZQ-2（PF2R）型全自动蔬菜移栽机参数

项目	参数
配套动力型号规格	MZ360
配套动力生产企业	雅马哈动力机械（江苏）有限公司

续表

项目	参数
配套动力额定功率（或标定功率）（kW）	5.8
配套动力额定转速（或标定转速）（rpm）	2800
整机外形尺寸（长 × 宽 × 高）（mm × mm × mm）	3160 × 1795 × 2287
作业行数（行）	2
结构形式	自走式
单行栽植器数量（个）	1
行距调节范围（mm）	450/500/550/600/650（5 段）
株距调节范围（mm）	260 ~ 800（可调）
栽植深度调节范围（mm）	13 ~ 92
开沟器形式	鸭嘴式
镇压器形式	滚轮镇压式
育苗方式	钵体苗

三 技术要点

1. 秧苗准备

准备健壮直立的适合吊杯式移栽机、钳夹式移栽机或全自动移栽机的钵苗或穴盘苗，栽植前可浇适量的水以方便取苗。

2. 耕地准备

选择含水量适宜的耕地，耕整地并施入适量底肥，若使用的移栽机没有开沟起垄功能，则需提前进行开沟起垄。

3. 机具调试

按照使用说明书搭配动力设备、检查机具零部件、调整机具株行距等，并提前设计好作业路径。

4. 作业

在苗托盘上放置适量秧苗，启动机具后，操作人员按照机具移栽速度取苗并将苗放入吊杯或钳夹机构上，或者由全自动移栽机自动完成取苗、栽植等操作，辅助人员随时检查秧苗栽植情况。

四 应用典型

富来威 2ZQ 型移栽机在武汉市汉南区移栽甘蓝的作业场景

东风井关 PVHR2 乘坐式蔬菜移植机在武汉市东西湖区移栽蔬菜的作业场景

洋马 2ZQ-2（PF2R）全自动蔬菜移栽机在武汉市东西湖区栽植蔬菜的作业场景

第三节 气吸式精量播种机械化技术及装备

一 技术概要

气吸式精量播种机械化技术是机具靠负压吸取作物种子后通过排种部件将种子精准播入土壤垄畦中的技术，是蔬菜直播机械化技术的一种。相较于机械式播种技术，其优点是对种子损伤小，可以进行单粒播种，从而减少用种量，降低种子的投入成本，播种精密度高，漏播率和重播率较低，株距偏差较小。缺点是机具制造及维修费用较高，配套的拖拉机负荷相对较高，导致能耗高。

二 装备配套

大顺精锋 2BSQ-4 气吸播种机

大顺精锋 2BSQ-4 气吸播种机

机具特点：一机多用，可以种植多种蔬菜、药材类等中小颗粒种子；整机功能齐全，具有旋耕起垄、铺设滴灌带、气吸式播种等功能，极大地减少人工成本；超高转速风机，可以提供恒定持续负压，保障作业精度；双仿形结构，可以实现播种深浅度一致；配置压力表可以更加直观地反映出播种情况，方便观察；株行距精准可控，株距调节方便，换挡即可实现调节株距。具体参数见表 4.5。

表 4.5　大顺精锋 2BSQ-4 气吸播种机参数

项目	参数
整机尺寸（长 × 宽 × 高）（mm × mm × mm）	2650 × 1850 × 1600
重量（kg）	870
配套动力（ps）	70 ~ 100
株距范围（mm）	30 ~ 600
行距范围（mm）	180 ~ 300
播种深度（mm）	0 ~ 30
垄宽（沟心到沟心）（mm）	800
最大作业效率（亩 /h）	5.5

三　技术要点

以大顺精锋 2BSQ-4 气吸播种机播种为例。

1. 地块准备

选择地势平坦、排灌方便、土壤疏松肥沃的地块，用耕整机具进行耕整。

2. 种子准备

根据生产需要选择高质量的种子，播种前根据农艺需要进行拌药或包衣等处理。

3. 调试机具

根据说明书调整机具株行距、播种深度、播种量等。

4. 装种

将处理后的种子（包衣种子应晾干，浸籽或包芽籽应将水分控制在 50% 以下）装入种箱，并立即盖好种箱盖，作业时应观察排种器后方可视窗口种子的容量，当种子上平面接近管底部时，应及时加种。

5. 作业

启动机器进行播种作业，机具降落时要缓慢、平稳，以防开沟器蹲土堵塞，作业时要有专人跟机，随时观察作业情况，有问题及时排除。

四 应用典型

武汉市汉南区 2021 年引进 8 台气吸播种机播种萝卜。1 台机器 1 天就可播种 50 ~ 60 亩，平均每亩可省人工费 80 元，彻底解决了汉南区邓南街水三村萝卜基地 2000 余亩土地的种植难题。

气吸播种机在武汉市汉南区的作业场景

第四节　阳台种植新装备

一、阳台种植装备

常见的阳台种植装备有管道栽培装置、立柱栽培装置、墙体栽培装置、盆栽装置、家庭阳光房和小型温室等。

1. 管道栽培装置

栽培管道多为圆形或方形，也可以根据需求进行设计，可以用来种植生菜、菠菜、紫菜薹、芹菜等叶菜类作物。使用时放置在自家阳台能够充分接受采光的位置，只需根据作物需要定期补充水分和营养液即可。栽培全过程可配套使用营养液全自动循环。

管道栽培装置

2. 立柱栽培装置

立柱栽培装置一般由多个栽培钵组成，立柱高度和栽培钵个数可根据需求进行设计，可以种植生菜、菠菜等不同种类的叶菜类作物。使用时放置在自家阳台上，也可放置在客厅内（种植绿萝等耐阴植物时），只需定期补充水分和营养液即可。栽培全过程可配套使用营养液全自动循环。

立柱栽培装置

3. 墙体栽培装置

墙体栽培装置的高度和宽度可根据阳台的实际需求进行设计，可以种植生菜、菠菜、紫背天葵等不同种类的叶菜类作物。第一次栽培需要在栽培孔内填满基质,定期补充水分和营养液即可。栽培全过程可使用营养液全自动循环。

墙体栽培装置

4. 盆栽装置

盆栽装置

阳台盆栽装置的应用

5. 家庭阳光房和小型温室

家庭阳光房和小型温室可安装在家庭花园内或楼顶上，根据需要进行设计和建造。在小型温室内种植不同的果蔬，配套各种栽培装置进行阳台种植。

家庭阳光房

二　阳台种植配套装备

1. 水肥微灌系统

微灌系统由水泵、电磁水阀、微型控制器、小型控制器、微灌管道、过滤器、滴灌滴头、微喷灌喷头、小型施肥罐、水管接头、水管三通等组成。可以根据需要进行智能自动灌溉或定时自动灌溉。

微灌系统需要有压水或者容器水和水泵等配套。

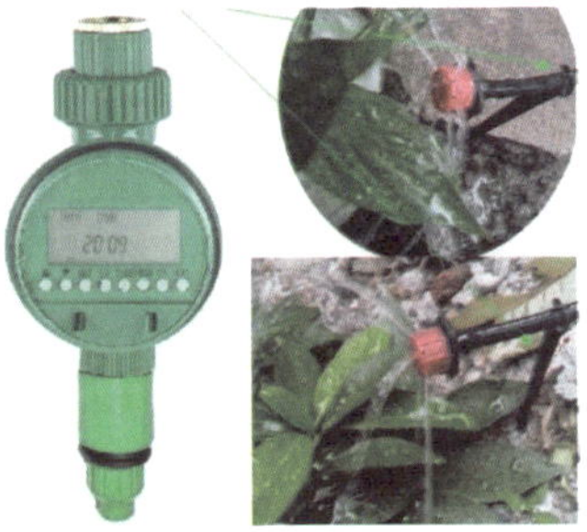

定时控制电磁阀及微灌浇水

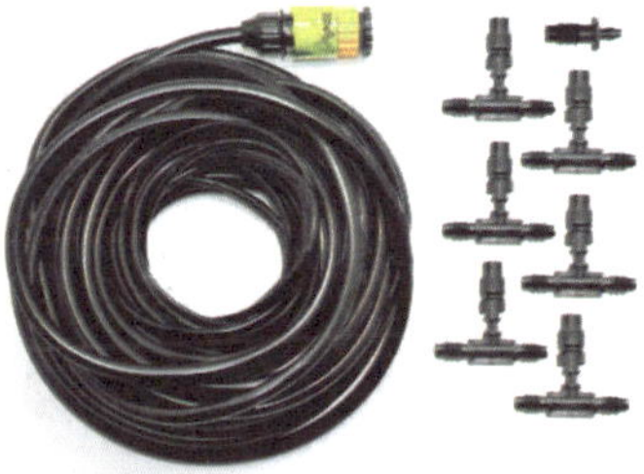

微灌管道及三通、微喷头

小型施肥罐

微喷效果

下图是一种直接与水龙头连接的微喷灌系统。简便实用，可实现灌溉定时控制。适用于有水龙头的阳台。可接入施肥装置进行液态肥和可溶性固态肥的施放。

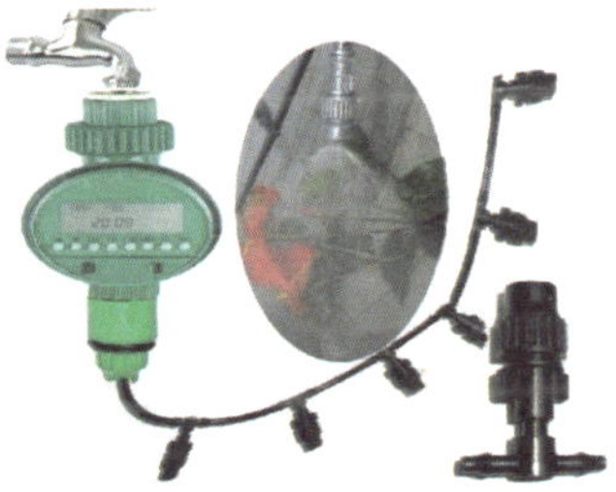

直接与水龙头连接的微喷灌系统

2. 全自动家用水培蔬菜系统

全自动家用水培蔬菜系统引入微电脑进行智能湿度自动微喷灌或滴灌。此系统由营养液、育苗盘、育苗土、培育基质、储液箱、承载盖、栽培篮、分水器、输送管、循环泵、不锈钢支架、温度探测器以及微电脑程序控制器组成。

全自动家用水培蔬菜系统

3. 配套补光设施

因为有些阳台采光不好或者需要将植物等放置在室内，所以有时也需要一些补光的设施，比如补光灯或者 LED 补光带等。

实际上，光质对植物生长发育有很重要的影响，尤其是 400 ~ 500nm 的蓝紫光和 600 ~ 700nm 的红橙光。光质影响植物生长中的干物质积累，同时对光和产物也产生直接影响。红光有利于碳水化合物的合成，促进植物开花结果；蓝光有利于蛋白质的合成，促进植物长茎生叶。补光现在一般采用红蓝光组合。补光可以促进植物生长，提升植物的品质和产量，增强其抗病能力，还可使果实、花朵色泽更加艳丽丰满，增加植物的观赏性。

植物补光设施

第五章 蔬菜收获机械化新装备

第一节 根菜类蔬菜收获机械化技术及装备

一 技术概要

蔬菜收获机械是收割、采摘或挖取各种蔬菜的食用部分，并进行装运、清理、分级和包装等项作业的特种作物收获机械。由于蔬菜种类繁多，可食用器官不同，几何形态、物理特性区别较大，因此蔬菜收获机械通用性较低。根菜类收获机主要有联合作业式、挖掘式两种类型，主要用于收获白萝卜、胡萝卜等根菜。一种是通过夹住茎叶将根菜从土中拔出后分离茎叶和土壤，另一种是先切除茎叶，从土中挖出根菜后再分离根菜和土壤。

二 装备配套

东风井关 VHD102S 型白萝卜收获机

东风井关 VHD102S 型白萝卜收获机

机具特点：其作业效率是人工的 3 倍。通过竖、横扶起皮带将叶子扶起并传送给皮带夹，紧紧地夹住白萝卜，可以实现稳定的拔出作业。安装整齐装置，可以将白萝卜整齐切断。具体参数见表 5.1。

表 5.1　东风井关 VHD102S 型白萝卜收获机参数

项目	参数
机体尺寸（长 × 宽 × 高）（mm × mm × mm）	2060 × 1450 × 1200
轮距调节（mm）	93 ~ 108（内轮）/106 ~ 121（外轮）
拔出行数（行）	1
茎叶切断长度（mm）	75 ~ 105
适应萝卜宽度（mm）	10 ~ 80
作业效率（亩 /h）	0.38 ~ 0.75

三　技术要点

（1）作业前，先进行试收获作业，检查作业质量是否符合要求，确认机具作业状态正常后方可正式作业。

（2）正式作业前按地块大小和形状规划好作业路线。作业时应匀速直线行驶，并由辅助人员协助观察采收情况。当作业条件达不到机械化采收要求，或者出现连续损伤、折断现象时，应立即停止作业并调整机具。

（3）分段收获。利用提升臂将白萝卜拔起，使用整齐装置均匀切除根系，实现匀速稳定的拔出作业，要求白萝卜倾斜角度不超过 5°，单体高度≤40cm，高低差距≤10cm。

四 应用典型

武汉市汉南区伟康家庭农场应用东风井关 VHD102S 型白萝卜收获机开展试验示范

第二节 叶菜类蔬菜收获机械化技术及装备

一 技术概要

叶菜收获质量直接影响叶菜品质和经济效益。叶菜生长周期短，复种指数高，采收次数多，人工收获已经不能满足大规模种植收获需求。小白菜、韭菜属于典型的叶菜类蔬菜，其关键环节的机械化技术对实现叶菜全程机械化有重要的借鉴、引领作用。

二 装备配套

（一）吉福瑞 RJP120 型电动小型叶菜收获机

吉福瑞 RJP120 型电动小型叶菜收获机

机具特点：电力驱动自走式蔬菜收获机。适用于小白菜、苋菜、上海青、茼蒿、大叶菠菜等叶菜类蔬菜的不带根收获作业。切割高度、扶禾器高度可以根据不同作物进行调整。具体参数见表 5.2。

表 5.2　吉福瑞 RJP120 型电动小型叶菜收获机参数

项目	参数
长 × 宽 × 高（m×m×m）	2×1.5×1.3
机器重量（kg）	165
收获割幅（cm）	120
输送带长度（m）	1.37
工作高度（m）	0 ~ 1.15
每充一次电可工作时长（h）	6 ~ 7
作业效率（m/min）	5

（二）康博 4G-200 韭菜收割机

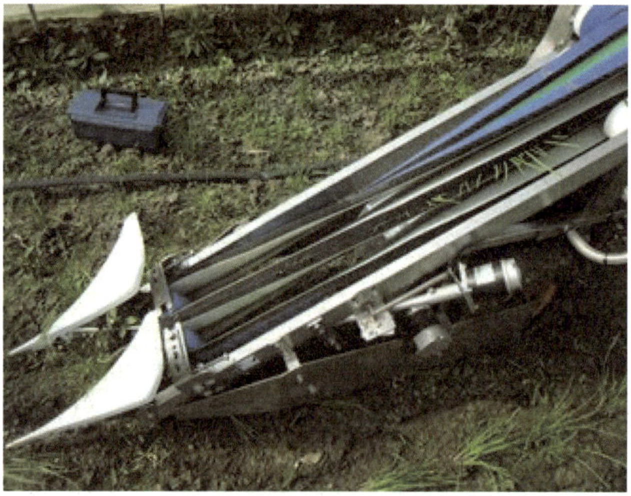

康博 4G-200 韭菜收割机

机具特点：该型号韭菜收割机体积小，重量轻；电力驱动，安静，无污染。具电动马达，分别控制刀具、韭菜传输和机器行进；4 挡驱动，并具后退挡，适合狭小地域作业。高速贴地自动平衡收割刀片可以随时紧贴地面，保证收割质量，对收割后的韭菜的根不会造成伤害，最大程度保护韭菜的下一次产量。海绵传输带使韭菜在机器传送过程中保持整齐，不会受到损害，保证韭菜质量。韭菜存放装置可将割下的韭菜整齐地放成行，便于收割打捆。具体参数见表 5.3。

表 5.3 康博 4G-200 韭菜收割机参数

项目	参数
外形尺寸（长 × 宽 × 高）（mm × mm × mm）	2100 × 630 × 870
整机重量（kg）	80
收割宽度（cm）	20
要求韭菜行距（cm）	30

三 技术要点

（1）在收获作业前，按要求提前对机具进行检查调整。

（2）小白菜生长整齐一致，6 叶以上时即可收获。

（3）韭菜生长高度≥20cm 即可收获，宜在晴天上午作业。待作业地面要求平整，地表相对硬实。

（4）棚内作业时，作业路线先从大棚中心的垄开始，再依次向外收获。

四 应用典型

武汉天下先现代农业发展专业合作社应用小型叶菜收获机收小白菜

武汉大地丰收现代农机专业合作社应用康博 4G-200 韭菜收割机进行韭菜收获演示

第三节　球茎类蔬菜收获机械化技术及装备

一　技术概要

结球甘蓝作为球茎类蔬菜的典型代表，产量高、抗寒、易运输、耐储存，是我国主要蔬菜作物之一，市场空间巨大。目前我国结球甘蓝收获仍需依靠人工作业，成本高、生产效率低，采用机械化收获是解决上述问题最切实可行的办法。目前结球甘蓝收获装备存在的主要问题是损伤结球、堵塞输送通道及智能化不足。

二　装备配套

（一）意大利 Hortech Rapid T 型结球甘蓝收获机

意大利 Hortech Rapid T 型结球甘蓝收获机的作业场景

机具特点：背负式收获机械。采用“先切根，后人工砍柄茎，再传送带装筐”的半自动收获方式，需配备 5 名作业人员，工作效率根据天气、地形的不同，为 1 ~ 2 亩 /h。具体参数见表 5.4。

表 5.4　意大利 Hortech Rapid T 型结球甘蓝收获机参数

项目	参数
配套动力（ps）	≥ 70
作业行数（行）	1
适宜行距（cm）	≥ 35
工作速度（km/h）	2 ~ 4

（二）吉福瑞 KOROVMDB 型甘蓝全自动收获机

吉福瑞 KOROVMDB 型甘蓝全自动收获机作业场景

机具特点：该机具主要用于甘蓝收获作业，配有可折叠收割台和加强型底盘。鲜食甘蓝收获，可存放在后置的两个木箱中，人工捡放，避免损坏；加工类甘蓝收获，自动将收获的甘蓝通过传送带直接输送到拖车上，无须人力辅助，高效省工。具有独立的液压系统，配有泵、电磁阀和前齿刀切割头，传感器可以调节切削深度，具有侧装货框装卸系统，后置踏足板和传送带，可置放收获箱。具体参数见表 5.5。

表 5.5　吉福瑞 KOROVMDB 型甘蓝全自动收获机参数

项目	参数
长 × 宽 × 高（mm × mm × mm）	6500 × 可变数据（可折叠）× 1700
净重（kg）	800
收获行数（行）	1
适用行距（cm）	35 以上（根据甘蓝品种大小）
轮距（cm）	165
连接方式	三点悬挂
动力需求	80ps 以上，带电源输出
动力输出轴齿数（齿）	6
双速动力输出转速（rpm）	540/1000
最大允许操作人数（人）	7
前叉最大承重（kg）	200

三　技术要点

（1）甘蓝进入成熟期后，根据田间情况和市场行情，选择晴好天气进行机械采收。

（2）作业机械或装备应与定植行距相匹配，具有良好的行间通过性能，并符合安全要求。

（3）宜采用甘蓝联合收获机进行采收作业，可一次性完成切割、筛选输送、装箱等多项作业。

（4）在宜机条件下，甘蓝机械化采收作业质量为总损失率≤ 5%、破碎率≤ 3%、采净率≥ 90%。

四 应用典型

武汉市汉南区天照农产品种植专业合作社使用意大利 Hortech Rapid T 型结球甘蓝收获机的作业场景

第六章 高效植保机械化新装备

第一节 无人机植保技术及装备

一 技术概要

植保无人机，又名“无人飞行器”，顾名思义是用于农林植物保护作业的无人驾驶飞机。该型无人飞机由飞行平台（固定翼、直升机、多轴飞行器）、导航飞控、喷洒机构三部分组成，通过地面遥控或导航飞控来实现喷洒作业，可以喷洒药剂、种子等。中国作为农业大国，拥有18亿亩基本农田，每年需要大量的农业植保作业，我国每年农药中毒人数有10万之众，致死率约20%。

1990年，日本山叶公司率先推出世界上第一架无人机，主要用于喷洒农药。随后，无人机植保技术在日本、美国等发达国家得到了快速发展。21世纪初，我国南方首先将其应用于水稻种植区的农药喷洒。2016年，农业植保无人机逐渐成为行业新宠，各地陆续出现使用无人机用于植保的案例。据统计，截至2016年6月5日，我国生产专业级无人机的公司有300多家，其中有200多家是植保无人机生产厂家，生产各类植保无人机共178个品种，保有量超过5000架。2018年植保无人机市场保有量已突破3万架，飞防总作业面积突破3亿亩次。

二 装备配套

大疆 T20P 农业无人机

大疆 T20P 农业无人机

机具特点：拥有 20kg 喷洒、35L（25kg）播撒载重。搭载双重雾化喷洒系统、智图系统、有源相控阵雷达和双目视觉感知系统，集航测、飞防于一体，带来超高性能和超值性价比。具体参数见表 6.1。

表 6.1　大疆 T20P 农业无人机参数

项目	参数
整机重量（kg）	26（不含电池）/32（含电池）
最大起飞重量（kg）	52
悬停精度	启用 RTK 定位：水平 ± 10cm，垂直 ± 10cm 未启用 RTK 定位：水平 ± 60cm，垂直 ± 30cm （雷达功能启用：± 10cm）
最大可承受风速（m/s）	6
作业箱容积（L）	20
喷头数量（个）	2
最大有效喷幅（m）	7（相对作业高度 2.5m，飞行速度 6.5m/s）
单个喷头最大喷洒流量（L/min）	6

三 技术要点

1. 作业前准备

施药前根据开展航化作业地块、作物、靶标等信息划定作业区域，明确作业面积，选择起降点。喷清水进行模拟飞行，检查和校准喷头流量及喷洒监测装置，确保植保无人机喷雾作业状态正常。

2. 飞行参数要求

飞行高度距离作物顶部 1.8 ~ 2.5m，飞行速度 4 ~ 6m/s。选择适合的喷头种类和型号，确保达到喷雾要求。亩喷施药液量≥ 1L。（根据防治靶标调整药液量，如防治草地贪夜蛾亩药液量≥ 3L。）

3. 气象要求

航化作业风速≤ 5.4m/s（3 级风），温度≤ 30℃，空气相对湿度≥ 60%。施药后 2h 内有降雨，应按农药标签使用说明书要求，确定是否需要重新施药。

4. 药剂选择

应用植保无人机航化作业应选择对作物安全、对人畜安全、对环境友好的高效、低毒、低风险农药，优先选择适于航化作业的农药剂型。航化作业须加入安全的航空喷雾专用助剂，严禁使用非航空喷雾专用助剂（如化肥等）。

5. 药剂配制

配药时选择 pH 值接近中性的清水配制农药。采用二次稀释法配制药液，在配药桶（器）内配制好母液，再加入药箱稀释并混拌均匀。农药现用现配，多种药剂混配，应对药液稳定性进行检查。

四　应用典型

武汉市 2021 年底农用植保无人机突破 200 台，无人机植保飞防面积累计达 1000 万亩次。

农用植保无人机的作业场景

第二节 高地隙喷杆喷雾机植保技术及装备

一 技术概要

现代建设发展需要我国农村劳动力不断向城市转移，农村劳动力越来越少，农产品的生产成本在不断增加。因此，实现农业机械化对于提高农产品生产效率、减轻农民劳动强度、降低农业生产成本具有非常重要的意义。由于我国工业起步较晚，农业机械比较落后，导致高秆作物病虫害防治成为我国农业的薄弱环节。长久以来，我国以背负式药箱人工手动操作为主，工作效率低，劳动强度大，不适合大面积作业。近年来，随着我国农业植保机械化的快速发展，国内高地隙喷药机发展迅速，出现了一批适用于大田作业的喷雾机，如东方红 -3WPZ2500 型高地隙自走式植保机、亚泰 3WZC-1300/1300A 型高地隙自走式喷杆喷雾机、3WZG-650 型自走式高地隙喷杆喷雾机等。新型植保机在国内得到了广泛应用，特别是在农业机械化较高的东北地区，大大提高了当地对于高秆作物病虫害的防治水平。

二 装备配套

东风井关 3WP-500A（JKB18C-DP5YM）高地隙喷杆喷雾机

东风井关 3WP-500A（JKB18C-DP5YM）高地隙喷杆喷雾机

机具特点：可一机两用，搭载高性能发动机，大马力、强劲、省油、低噪。

植保操作部分集中配置，作业方便，机械换挡变速，经济性好，转速稳定，安全高效。采用 HST 变速，驾驶操作便捷，搭配田间作业超低速装置，提高湿烂田通过率，作业更加安全。具体参数见表 6.2。

表 6.2　东风井关 3WP-500A（JKB18C-DP5YM）高地隙喷杆喷雾机参数

项目	参数
驱动形式	四轮驱动
长 × 宽 × 高（mm × mm × mm）	3615 × 1770 × 2520
离地间隙（mm）	850
喷幅（mm）	11 500
结构质量（kg）	1080
额定功率 / 转速［kW（ps）/rpm］	13.9（18.9）/2600
轴距（mm）	1350
轮距（mm）	1470
变速方式	机械变速
药液箱容积（L）	500
额定工作压力（MPa）	0 ~ 2.5
喷雾高度范围（mm）	480 ~ 1480

三　技术要点

1. 设置喷药作业所需的参数

喷雾参数的设置与喷雾机行驶速度、单位面积的药液喷施量（根据药剂的使用说明进行确定）及使用的喷嘴型号有关，喷雾机行驶速度要根据作业的地面地形条件进行调整。

2. 加水

可通过送水车给机具的药液箱加水至额定容量，或将机具开到距作业地点较近的水源处，用小型汽油机离心泵机组给药液箱加水。

3. 加药

向药液箱加水后，关闭喷雾总开关，向药液箱内按农药的使用浓度加入相应比例的农药，然后通过机具液流系统内循环将药液箱中的药液充分进行搅拌。当采用小型汽油机离心泵机组给药液箱加水时，可在加水的同时，向药液箱内加入农药，这样在加水过程中即可完成药液搅拌。

4. 加水、加药后

分离动力输出轴，将机具开到作业现场，停在作业行程的起点处。将喷杆桁架展开至作业状态，下降到作业高度。

5. 确定作业速度

选好行进挡位后，接合分动箱，使变速箱同时驱动输液泵和液压齿轮泵运转，并打开液压驱动控制阀，使液压马达驱动轴流风机运转，然后松开离合器，并迅速打开喷雾总开关，加大油门，使机具进行喷雾作业。

6. 进行喷药作业

地头转弯时如不需要喷药，驾驶员应及时关闭喷雾总开关以节省农药；转入第二行程作业前，驾驶员应及时打开喷雾总开关；由上一行程转入下一行程作业时，驾驶员应注意对准交接行，以防漏喷或重喷；当药液箱内的药液即将喷完时，驾驶员应及时分离动力输出轴，并将机具转为运输状态，然后将机组开赴加水处，重新加水、配药，以便继续作业。

7. 限压安全阀限定压力的调整

限压安全阀已在出厂前调整好，用户一般不需要自行调整。如果用户在使用过程中发现喷雾压力过高或过低时，可按说明书进行调整。

8. 喷嘴的调换

当需更换不同喷雾量的喷嘴时，把喷头帽组件从喷雾机上卸下来，取出喷头密封圈，将现有喷嘴换成选定喷嘴，然后装上喷头密封圈，再将喷头帽组件装到喷头体上即可。

四 应用典型

武汉市汉南区邓南街甘蓝种植基地使用高地隙喷杆喷雾机开展植保作业

第七章 农作物秸秆综合利用机械化新装备

第一节 搂 草 机

一 装备概要

搂草机在中国的使用已有百年历史，是一种将铺放在田间的散草或者秸秆搂集成草条的农业机械。按草条形成方向可分为横向搂草机和侧向搂草机。横向搂草机搂集的草条形成方向与机组前进方向垂直，优点是适应天然草地收获作业，可人工控制每米草条的重量，在低产天然草地也能搂集较大的草条，缺点是草条连续性较差，陈草多，草条易污染，且容易划伤草地，影响牧草再生。我国最早引进的就是横向搂草机。侧向搂草机的草条形成方向与机组前进方向平行，与横向搂草机相比，具有搂集草条蓬松、通风好、干燥均匀、生产效率高的优点，按结构分为滚筒式、指轮式、水平旋转式和传送带式等几种类型。搂草机是饲草收获不可或缺的机械之一。

二 装备配套

库恩 SpeedRake 指盘式搂草机

库恩 SpeedRake 指盘式搂草机的作业场景

机具特点：该机具能够适用于各种草地操作，可配套小型低马力拖拉机。当动力输出轴（PTO）速度与地速不一致时，搂草机可在运输和作业位置之间快捷方便地转换，每台机具还能够调整草铺宽度，而且与搂草宽度无关。抬高的机架、高地隙的搂草臂以及渐进的悬架都提供了无与伦比的性能，有助于实现干净搂草和整洁成型的草铺。具体参数见表 7.1。

表 7.1　库恩 SpeedRake 指盘式搂草机参数

项目	参数
型号	SR 108 GLL
作业宽度（m）	4.7 ～ 5.7
草铺宽度（m）	0.9 ～ 2.1
轮距（m）	3.1
重量（kg）	576
挂接装置类型	牵引杆
单侧搂草	标配
搂草轮数量（个）	8
每个搂草轮上的弹齿数量（个）	40
直径（m）	1.4
轮路 – 中心距（m）	0.8
小功率要求（kW）	14.9

三　技术要点

1. 作业前准备

（1）检查各部连接是否牢固可靠，零件是否松动或丢失；检查机器上的安全标示、操作指示有无缺损，缺损时应及时补全。

（2）检查液压系统、链和皮带传动等系统可靠性，保证搂草机与拖拉机连接可靠。

（3）调整拖拉机轮距，使之大于草条宽度。

（4）调整拖拉机左右拉杆，使搂草机与拖拉机两者的中心线基本重合，并使搂草机左右指轮均匀着地。

（5）控制指轮盘与地面的接触高度，使搂草机指轮盘搂齿按农艺要求调整到位。

（6）备好随机易损件及调整修理工。

2. 作业要求

（1）根据作业地块形状、大小、地势等规划作业路线，确保安全、高效、经济作业。

（2）搂草工作时指盘上的搂齿接触地面，沿地面滚动前进。旋转左右两列指盘，将牧草由靠近拖拉机的指盘依次向后推搂成一个较疏松的纵向草条。

（3）搂草作业时，拖拉机前进速度保持合适，观察草条均匀度、漏搂及草条连续性等情况，根据草条以及田间地表变化情况，及时调整拖拉机前进速度、指轮盘间距。

（4）搂草机始终保证在两条草条中间通过，一次翻晒两条草条为一条。

四 应用典型

搂草机在武汉市新洲区三店街的作业场景

第二节　秸秆粉碎还田技术及装备

一、技术概要

秸秆粉碎还田是指借助专用的粉碎机械设备，将作物秸秆粉碎或抛撒在耕地中，对土壤进行覆盖，也可以配合深耕深翻的方式，将粉碎后的秸秆埋入土壤中。这种技术方式适用于水稻、油菜、小麦等作物，优点是粉碎效果好，处理效率高，成本低廉。通过秸秆机械化粉碎还田，能实现微生物与土壤的充分接触，提高微生物的活性和繁殖能力，优化土壤的酸碱度，提高土壤养分含量，同时可以疏松土质、提高土壤透气性。相关研究表明，农作物秸秆中 15% 左右的成分是有机质，富含氮、磷、钾元素，秸秆机械化还田可以改善土壤肥力，减少农业化肥支出。秸秆经过粉碎还田后，能覆盖在土壤表面，阻止土壤水分蒸发，提高土壤的蓄水保墒能力，同时可以在一定程度上增加地温，促进作物健康生长。

二、装备配套

河南豪丰 1JH–180 秸秆粉碎还田机

河南豪丰 1JH–180 秸秆粉碎还田机

机具特点：该机对直立或铺放地面的玉米、高粱、棉花等作物秸秆，麦稻类软秸秆及杂草有良好的粉碎效果。机身设计的开启式罩壳，为清理壳内积土和日常维护保养提供了便利，具有秸秆粉碎效果好、保养维护简便、工作效率高等特点。具体参数见表 7.2。

表 7.2　河南豪丰 1JH–180 秸秆粉碎还田机参数

项目	参数
配套动力（kW）	51.45 ~ 66.15
配套动力输出轴转速（rpm）	760
与配套拖拉机连接方式	三点悬挂
长 × 宽 × 高（mm × mm × mm）	1370 × 2080 × 1040
作业小时生产率（hm^2/h）	0.45 ~ 0.9
作业速度（km/h）	2.5 ~ 5
工作幅宽（cm）	180
刀轴总成传动方式	侧边皮带传动
刀轴总成设计转速（rpm）	2412
刀轴总成最大回转半径（mm）	260
刀轴总成刀片形式	弯直刀
刀轴总成总安装刀数（把）	弯 72+ 直 36

三　技术要点

以水稻机械化还田技术为例。

1. 作业流程

（1）稻稻轮作模式作业流程。

早稻种植→早稻机械化收割→秸秆粉碎还田→机械整田→晚稻种植→田间管理→水稻机械化收割→秸秆粉碎还田→机械整田→早稻种植。

（2）稻麦轮作模式作业流程。

水稻种植→田间管理→水稻机械化收割→秸秆粉碎还田→机械整田→小麦种植→小麦机械化收割→秸秆粉碎还田→机械整田→水稻种植。

（3）稻油轮作模式作业流程。

水稻种植→田间管理→水稻机械化收割→秸秆粉碎还田→机械整田→油菜种植→油菜机械化收割→秸秆粉碎还田→机械整田→水稻种植。

2. 作业机具

宜选用加装相应秸秆切碎抛撒装置的联合收割机或拖拉机配套秸秆粉碎还田机。

3. 作业质量

（1）机械收获作业质量。

①留茬高度≤150mm；②秸秆切碎长度≤100mm；③秸秆切碎均匀抛撒。

（2）还田作业质量。

①耕整深度宜在120～150mm；②耕深稳定性≥85%；③耕后地表平整度≤30mm；④秸秆埋覆率≥80%。

四 应用典型

武汉市江夏区金口街水稻秸秆还田作业现场

武汉市江夏区法泗街水稻秸秆还田作业现场

第三节 秸秆捡拾打捆技术及装备

一 技术概要

在农作物收获时节，农业生产的废物，如稻秸、麦秸和棉秆等可以使用打捆机进行收集与处理。打捆机自动完成水稻、油菜等作物秸秆的捡拾、压捆、捆扎和放捆一系列作业，可与多种型号的拖拉机配套，适应各种地域条件作业。按形状和尺寸，草捆一般可分为方草捆（高密度小草捆和大草捆）、圆草捆（使用圆草捆打捆机）和密实型草捆。草捆的尺寸和密度依赖于所使用的打捆机。

二 装备配套

上海世达尔 9JYD-60 圆草捆打捆机

上海世达尔 9JYD-60 圆草捆打捆机的作业场景

机具特点：机具通过带有弹齿的捡拾机构用放齿、捡拾运送、收齿等动作将地面的牧草秸秆捡拾起来，转子机构在旋转过程中持续将牧草秸秆输入卷压室，旋转的滚筒带动牧草秸秆旋转，形成圆捆芯，由小到大形成紧密的圆草捆。当圆草捆达到预定密度时，绳头或捆网进入卷压室，摩擦力牵引绳索或宽网绕在草捆外面，形成一个捆扎好的、不会自动松开的圆草捆。链条传动系统采用自动润滑设计，并配备了先进的电器控制系统。本机的捡拾机构宽，内腔大，喂入量大，在作业中不易出现堵草现象，捡拾干净，生产效率大幅提高。具体参数见表 7.3。

表 7.3　上海世达尔 9JYD-60 圆草捆打捆机参数

项目	参数
挂接方式	悬挂式
捡拾宽度（mm）	700
捡拾器结构形式	弹齿式
压缩室成捆机构形式	滚筒式
压缩室宽度（mm）	700
压缩室直径（mm）	570
卷压工作部件数量（个）	12
卷压滚筒直径（mm）	150
捆扎方式	缠绳
配套动力（kW）	22.1 ~ 36.7

三　技术要点

1. 作业条件

（1）选择与打捆机配套的拖拉机。

（2）正式作业前应先试运行，待一切正常后方可正式作业。

（3）调整拖拉机行驶速度以适应草条尺寸，当草条草量过大时拖拉机行驶速度应减慢，拖拉机 PTO 转速应增加以防止捡拾器堵草。

（4）当草条草量分布不均匀时，应以机器的左面（从机器的后方看）进草为主，尽可能地使捡拾器左面进足够的草。

（5）拖拉机动力输出轴转速应达到打捆机的要求。

（6）打捆机报警器响起时，说明进草室里的草已满，拖拉机应停止再向前行驶。拖拉机 PTO 继续转动，使机器内的草捆完成捆绳操作，然后拉油缸操作绳使后机架升起后，将草捆从机器内放出来，再继续下一捆的操作。

（7）打捆作业时风力应小于 4 级。

（8）秸秆含水率为 18% ~ 25%。

2. 作业质量

（1）草捆密度≥ 115kg/m^3。

（2）牧草损失率≤ 2%。

（3）成捆率≥ 97%。

四 应用典型

武汉市江夏区法泗街秸秆打捆作业现场

武汉市新洲区三店街秸秆打捆作业现场

第四节　生物燃料压制装置

一　技术概要

生物燃料压制装置是指将农作物秸秆或者其他森林采伐剩余物经过除尘、压缩、定型等工序后，压缩成燃料压块的一种固化成型设备。压缩成的燃料呈棒状、块状等，体积小，密度大，便于储存和运输，同时使单位面积的燃烧值提高十几倍，产热性和抗炼性与中质煤接近。

二　装备配套

安徽环态 LS-HM-500Ⅱ型生物质燃料颗粒成型机

安徽环态 LS-HM-500Ⅱ型生物质燃料颗粒成型机

机具特点：该机具可实现垂直封闭式进料，进料分布均匀，产量大，能耗低，粉尘负压回收，工作环境清洁，颗粒产品无碎渣，具有独立变频进料系统，保证进料稳定性；模具静止，压辊旋转，物料离心，分布均匀，双层设计，上下双面交替使用，可降低成本，增加效益；环形立式结构有利于颗粒室散热降温，主动油冷散热可降低传动装置内部齿轮油的温度，确保机器正常运行；采用不停机注油，提高压辊的使用寿命和工作效率，设备结构安全、紧凑、噪音小、故障低、占地面积小。具体参数见表 7.4。

表 7.4　安徽环态 LS-HM-500Ⅱ型生物质燃料颗粒成型机参数

项目	参数
重量（kg）	4300
主机功率（kW）	132
纹笼功率（kW）	1.5
长 × 宽 × 高（m×m×m）	2.4×1.2×1.8
压辊直径（cm）	24
产量（t/h）	2
单侧模具出料孔排数（排）	4

三　技术要点

1. 作业准备

（1）机具操作人员进入作业区，应按要求穿戴劳动保护用品，工作服要扎紧袖口、扣全纽扣，头发压在工作帽内，牢记安全注意事项和安全警示标志。

（2）检查各连接件、紧固件情况，不得有松动现象；检查电力线路，确保连接正常、可靠，机组应有效接地。

（3）按规定对轴承和转动部位加注润滑油，保持轴承和各转动部位润滑良好。

（4）作业前应清除秸秆中的金属、石块、土块等坚硬杂物，并按要求进行粉碎或揉搓等预处理。处理后的原料含水率应符合产品标准和使用说明书要求。

2. 安全作业

（1）作业前应开机无负荷试运转，确认整机运转平顺、无异常震动、无异常响声及无卡滞现象，根据机具生产能力进行生产。机具运转正常、成型秸秆产品符合要求后，方可均匀、稳定进料，进行连续生产。

（2）在预热和生产过程中，出料口处严禁站人，严禁触摸防护罩，以免烫伤。非工作人员严禁进入作业区。

（3）对有冷却装置的秸秆成型机，作业过程中应注意检查温度，适时调节冷却水流量，确保正常生产。

（4）因物料湿度大造成出料堵塞时，应及时关闭电源，清理料仓内的湿料，加入符合要求的物料后方可再进行生产。

（5）作业中应注意观察控制装置上的电压表、电流表、温度表的读数是否在正常范围内，超过规定的范围值时，应停机检查、查明原因，排除故障。

（6）生产作业区严禁烟火，应配置灭火器等消防器材。生产场地应可靠通风、洒水或配备除尘设施排出粉尘。及时清理生产作业区积草。

3. 维护保养

（1）每作业班次后应对秸秆成型机进行清理保洁，紧固松动部件，并对润滑部位进行润滑。

（2）应按产品使用说明书要求定期对关键部件进行保养或更换。

（3）机具长期存放时，应进行全面维护保养后放于室内干燥通风处。

四 应用典型

和瑞能源公司在武汉市江夏区法泗街使用农作物秸秆生产生物燃料棒

第八章 农作物产后加工机械化新装备

第一节 谷物烘干机械化技术及装备

一 技术概要

按热量传递方式，谷物烘干方法主要分为对流、传导和辐射三类。对流干燥法是靠干燥介质（加热空气或干燥的空气）与谷物直接接触，通过对流换热来实现烘干。传导干燥法主要依靠谷物和加热表面直接接触，通过热传导来实现烘干。辐射干燥法是通过热量辐射来实现烘干。

目前应用最广泛的谷物烘干方法是对流干燥法。根据被干燥物料运动状态、干燥介质温度、干燥介质流动方式，对流干燥法又可分为以下几种类型。

（1）按照介质干燥速度和温度可分为低温慢速通风型干燥和高温快速型干燥。

（2）按照谷物运动状态可分为固定床（谷层）干燥、移动床干燥、流化床干燥、沸腾床干燥和振动床干燥。

（3）按照谷物运动方向可分为横流式干燥、混流式干燥、顺流式干燥、逆流式干燥。

二 技术原理

谷物机械化干燥分为内部扩散和外部蒸发：谷物内部水分以气态或者液态的形式扩散（转移）到谷物表面为内部扩散；表面水分蒸发到干燥介质中为外部蒸发。当水分的扩散速度大于蒸发速度时，蒸发速度的快慢就对干燥过程起着控制作用，称为“外部控制”；当水分的扩散速度小于蒸发速度时，扩散速度的快慢对干燥过程起着控制作用，称为“内部控制”。合理的干燥工艺是扩散速度等于或接近于蒸发速度。

谷物内部水分的扩散速度一般低于外部蒸发速度（特别是含水率较低时），此时应提高谷粒内部的扩散速度，而不是再提高外部的蒸发速度，否则会诱发应力集中现象，导致谷粒产生裂纹，这种裂纹俗称“爆腰”。当烘干过程中出现“内部控制”时，很难人为提高内部扩散速度，为了使扩散速度与蒸发速度相协调，通常采取以下措施进行补救。

（1）适当降低外部蒸发速度。可采用较为缓和的干燥方法，如降低干燥介质温度或减小通过粮层干燥介质的流速。

（2）进行缓苏。暂时停止干燥，并将处于热状态的谷粒堆放起来，使得粮食内部水分逐渐向外扩散。谷物经过缓苏后，表面含水率比缓苏前提高了，有利于干燥。

三　装备配套

安徽金锡 5HX-20 低温混流式谷物烘干机

安徽金锡 5HX-20 低温混流式谷物烘干机

机具特点：采用双向交叉干燥形式，扩大干燥层面积，通过谷物分流可调节装置均匀干燥谷物，提高了干燥效率，同时节省了占地面积。设备上、下搅龙采用皮带输送，大大减少钢制搅龙对谷物的挤压破碎。主要用于烘干稻、麦、玉米、大豆等及其种子。具体参数见表 8.1。

表 8.1　安徽金锡 5HX-20 低温混流式谷物烘干机参数

项目	参数
长 × 宽 × 高（mm × mm × mm）	2060 × 2660 × 10 153
干燥方式	间接加热
批次处理量（t）	20
干燥速率（%/h）	0.5 ~ 1
干燥段数量 / 高度（个/mm）	1/1480
装机容量（m^3）	38.7
缓苏段高度（mm）	7085
热风温度范围（℃）	50 ~ 120
热风机转速（rpm）	1450
热风机风压（Pa）	724 ~ 1139
热风机流量（m^3/h）	6677 ~ 13 353
干燥能力（t · %/h）	≥ 12

四　技术要点

为了进一步提高谷物烘干机的工作质量与效率，需要不断提高谷物烘干机的自动化控制水平，更加精准地开展谷物烘干工作。在实际进行谷物烘干过程中，需要谷物烘干机的自动化控制功能达到以下要求。

（1）待干燥粮食进入谷物烘干机料斗之后，自动化控制系统要能够准确获取粮食初始含水量，同时依照获取的初始含水量数值以及谷物类型特征等，制订出最有效的谷物干燥方法。

（2）谷物烘干机可以自动地将干燥粮食有序输送到烘干机中，烘干机依照设定好的程序，对谷物的输送速度、热风进风量以及废气排出等环节进行控制，并且在检测过程中实时关注待干燥粮食的含水率、温度等关键性参数，依照检测结果及时调整烘干方案。

（3）对已经完成烘干的粮食进行含水率检测，当检测到的含水率达到规定标准要求之后，将粮食输送出烘干机；而当检测粮食的含水率仍然超出标准值时，需要继续进行粮食干燥环节的循环工作，直至检测结果合格之后再将粮食输送出来。

五　典型应用

武汉市鑫源禾丰米业有限责任公司使用的唯嵩九阳 5H–30 低温烘干机烘干能力为每台 30t，共安装 7 台，总 210t/ 批。按每年工作 60 天算，年烘干能力达 1.26t。对应服务水稻种植面积为 2.8 万亩（按中稻产量 450kg/ 亩测算）。燃料使用生物燃料棒，采购价格 1200 元 /t，烘 1t 稻谷消耗燃料 20 ~ 40 元（根据含水率）。

唯嵩九阳 5H–30 低温烘干机的作业场景

第二节 油菜籽烘干机械化技术及装备

一 技术概要

油菜籽烘干机械化技术是油菜籽烘干设备将收获后的油菜籽从自然水分干燥到安全贮藏或加工要求时所需的水分比重，并保持油菜籽化学成分基本不变的技术。目前，广泛采用的干燥方式是加热干燥，通常有预热、水分汽化、缓苏和冷却四个过程。但针对油菜籽的机械烘干，其工艺过程、技术机理、作业标准和在线检测、监控措施的研究仍是保障油菜优质、高产、高效的技术发展的关键。

二 装备配套

塔式低温混流干燥设备

机具特点：以热空气作为烘干介质，采用循环烘干的工艺，烘干后的油菜籽沉淀均匀、质量好。采用清洁能源，干燥效率高，环保无污染，操作方便，烘干成本低。

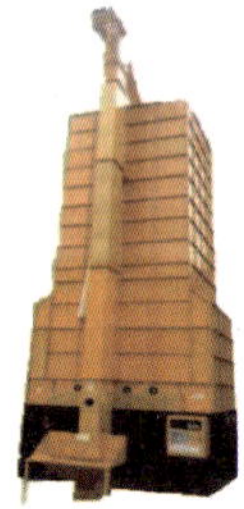

塔式低温混流干燥设备

三 技术要点

油菜籽烘干机主要是适应并改造现有的谷物烘干机。油菜籽的烘干工艺为油菜籽预热升温—干燥降水—降温冷却。根据油菜籽干燥工艺流程，可将谷物烘干机的缓苏段和冷却段与主塔分开。除对主要工作部件结构进行改进外，由于油菜籽物理特性与稻谷不同，烘干机的技术参数也要进行相应调整。油菜籽烘干机在结构上可与水稻烘干机大致相同，但根据油菜籽自身的特性，油菜籽烘干机应具有 6 个特点：①因油菜籽粒比较小，烘干机的热风风速和风量都要小，热风风速一般为 3 ~ 4m/s，风速过高，易把籽粒带走，而热风风量要能根据实际作业的热风温度和风速来随时调整；②因油菜籽含油量高，在烘干流程中不应设缓苏段，以免在缓苏时出油或霉变；③热风温度在 70 ~ 80℃为宜，温度过高会产生糊籽或出油现象；④降水幅度以（4%~ 5%）/h 为宜；⑤小型烘干机（处理量 2 ~ 6t/h）的单位耗热量为 6.3 ~ 6.6MJ/h，大型烘干机（处理量 8 ~ 10t/h）的为 6.7 ~ 6.9MJ/h；⑥烘后的油菜籽必须充分冷却，因此冷风风速和风量必须适当。

四　典型应用

2022 年，武汉市黄陂区李家集街畅享荣达农机专业合作社引进了全市首台低温混流式油菜籽烘干机。

低温混流式油菜籽烘干机的作业场景

第三节 果蔬机械化干燥技术原理及要点

一 热泵干燥装置的技术原理及要点

热泵干燥装置是由压缩机、蒸发器、冷凝器、膨胀阀和干燥室等组成的封闭循环系统。物料置于干燥室内，干燥介质流经干燥室，吸收来自湿物料中蒸发的水分并变为高湿空气；高湿空气流经蒸发器，蒸发器将高温高湿空气等降温至露点，然后继续降温析出水分（除湿）；经过蒸发器表面的除湿空气，即低温低湿空气通过风机作用流经冷凝器表面，被冷凝器释放出的热量等加热，变为高温低湿、具有干燥能力的空气；高温低湿空气进入干燥室，与湿物料进行传热传质，吸收被干燥物料的水分，变为湿空气再次流经蒸发器，如此反复循环，物料中的水分不断通过除湿而减少，进而达到干燥物料的目的。

二 过热蒸汽干燥技术原理及要点

过热蒸汽干燥是一种以过热蒸汽作为干燥介质直接与湿物料接触而去除水分的干燥方法。在封闭系统中，利用物料本身水分蒸发或饱和蒸汽加热形成的过热蒸汽，与物料直接接触，通过对流和热传导不断传递热量，从而达到高效干燥的目的。过热蒸汽干燥具有传热系数高、产品质量好、干燥效率高、环境友好等优点，但由于果蔬含水率和热敏性较高，采用高压或常压使过热蒸汽干燥时，果蔬可能会发生玻璃态转化或出现热损伤、融化等现象。

三 气体射流冲击干燥技术原理及要点

气体射流冲击干燥是将具有一定压力的气体通过圆形（或狭缝状）喷嘴高速冲击待干燥物料表面，达到加热或干燥物料目的的干燥方法。在物料干燥过程中，由于喷嘴与物料表面的距离非常近，气体射流速度很高，物料与气流之间会产生非常薄的边界层，它的传热系数是传统热风干燥的数倍。与其他传统干燥方法相比，气体射流冲击干燥具有传热系数高、传热速率可控、干燥速度快等特点，但仍需降低使用成本和扩大使用范围来增强推广应用。

四 微波真空干燥技术原理及要点

微波真空干燥技术是一项集电子学、真空学、机械学、热力学和程控学等多学科为一体的高新技术，是物质在干燥过程中的物理变化、内外热量交换以及真空条件下水分迁移理论的研究基础上，发展起来的一项新技术、新工艺，可以极大限度地保持食品的营养和色、香、味，且干燥速率快，可有效地解决食品干燥过程中质量和效益之间的矛盾。微波干燥主要是利用微波的加热作用使体系温度升高，从而引起水分蒸发实现干燥。在真空状态下，水分的蒸发温度相应降低。如果能够维持干燥室内持续的低压环境，那么水分就能不断地从食品表面蒸发，食品随之干燥。

微波真空干燥高效节能、加热均匀、容易控制，产品质量好、经济效益高，但理论研究尚且不足，不便判断干燥终点，还需要更多的研究。

五 装备配套

西安圣华 5HMG-55/210A 果蔬烘干机

西安圣华 5HMG-55/210A 果蔬烘干机

机具特点：采用微电脑智能化控制技术，控温精确，自动排湿，在使用过程中大大降低了人员投入和人工成本，烘干工艺接近自然干燥，烘干温度及脱水速度温和，烘干后的果蔬成色好。具体参数见表 8.2。

表 8.2　西安圣华 5HMG–55/210A 果蔬烘干机参数

项目	参数
外形尺寸（长 × 宽 × 高）（mm × mm × mm）	9510 × 3600 × 4570
烘干室有效容积（m^3）	55
烘干室结构形式	厢体式
物料盘架数量（个）	9
总摊料面积（m^2）	210
气流循环方式	平行流
热风炉供热能力（kJ/h）	627 877
热风炉数量（个）	1
热风炉安装位置	加热室内
循环风机功率（kW）	2.2
循环风机供风量（m^3/h）	8226 ~ 16 178
循环风机数量（个）	2

第四节　果蔬分级清洗机械化技术及装备

一、技术概要

为了保障果蔬产品规格和质量的相对统一，采用机械化清洗技术，运用产品重量、尺寸、图像等技术参数对果蔬进行机械化分选分级。

二、装备配套

（一）江西绿萌 6GFDZ-4 水果分级机

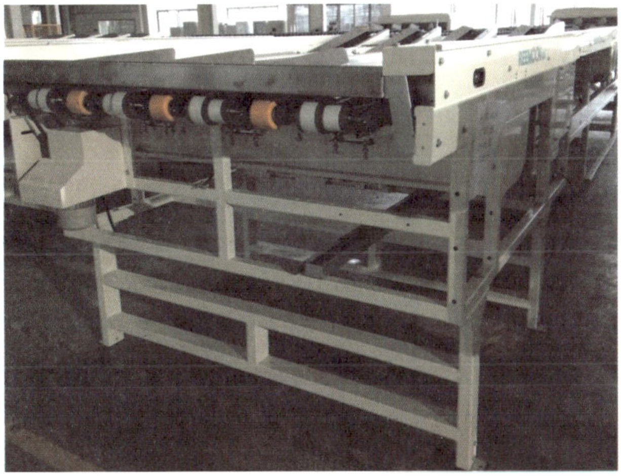

江西绿萌 6GFDZ-4 水果分级机

机具特点：适用于脐橙、蜜橘、柠檬、苹果、洋葱等圆形及椭圆形果蔬的分选，采用电子式重量分选，4 条通道，纯工作小时生产率为 12 ~ 15t/h。具体参数见表 8.3。

表 8.3　江西绿萌 6GFDZ-4 水果分级机参数

项目	参数
传感系统类型	称重
传感系统规格型号	电阻应变式
分选等级（个）	≤ 16
通道数（条）	4
动力传动方式	链传动
分选质量区间（g）	20 ~ 900
纯工作小时生产率（t/h）	12 ~ 15
配套总功率（kW）	6.4
额定电压（V）	380
质量分级误差（g）	± 5
分选功能	重量
结构形式	卧式

（二）荆州天屹 6LX-320-12 萝卜清洗机

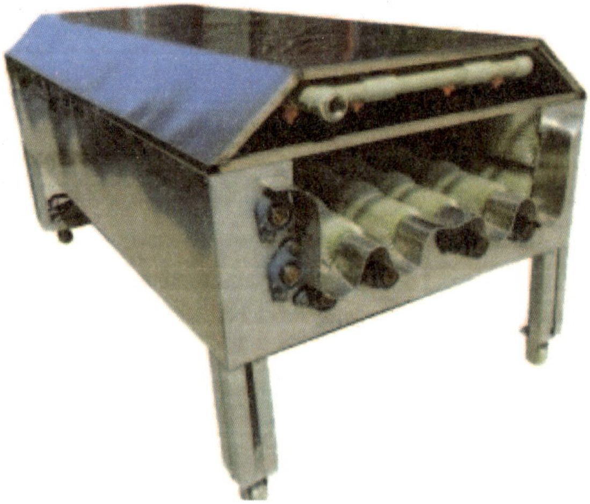

荆州天屹 6LX-320-12 萝卜清洗机

机具特点：适用于白萝卜等根茎类蔬菜的清洗作业，采用链条传动，厢式喷淋水洗，配套传送带，清洗完成后可直接装车。具体参数见表 8.4。

表 8.4　荆州天屹 6LX-320-12 萝卜清洗机参数

项目	参数
结构形式	厢体式
外形尺寸（长 × 宽 × 高）（mm × mm × mm）	4050 × 1580 × 1330
配套总功率（kW）	2.2
动力传动方式	链条
毛刷辊长度（mm）	3600
毛刷辊直径（mm）	188（中间）
毛刷辊数量（个）	12
毛刷辊转速（rpm）	80 ~ 200
清洗方式	连续式

第九章 畜禽养殖机械化新装备

第一节 蛋鸡养殖机械化技术及装备

一 技术概要

蛋鸡养殖成套设备适用于规模化蛋鸡养殖场，具有集约化程度高、自动化智能化水平高、劳动效率高、经济环境效益高等特点，主要由笼养系统、饮水系统、清粪系统、喂料系统、集蛋系统、通风降温系统、光照系统、环境控制系统等组成，是现代化蛋鸡养殖的主流设备。

二 装备配套

层叠式蛋鸡养殖成套设备

层叠式蛋鸡养殖成套设备

设备构成如下。

1. 基本笼养系统

基本笼养系统为层叠式结构，主要由笼网、脚架、胸挡等部件组成。笼网由面网、底网、侧网、顶网等通过不锈钢 C 型钉拼接成；笼网钢丝镀层工艺为镀铝锌。鸡舍消毒作业时，应避免或减少消毒液喷洒到设备上，以免造成腐蚀，缩短设备使用寿命。鸡舍冲洗后，应保持通风使设备水渍迅速风干。

2. 饮水系统

饮水系统主要由水管、饮水乳头、调压阀、导水槽等部件组成，水管可选择方管或圆管，乳头为钢珠双封乳头。

3. 清粪系统

主要由清粪机头、清粪机尾、纵向输送带、侧板、粪带托杆、横向输送装置等部件组成，清粪动力主机为柜式结构。

4. 喂料系统

喂料系统主要由喂料车及驱动装置、食槽、上料装置等部件组成。喂料机为钢丝绳牵引，料斗为整体封闭式，能有效减少粉尘。

5. 集蛋系统

集蛋系统主要由集蛋动力主机、鸡蛋输送带、集蛋线等部件组成，单列双电机，含破蛋、软蛋筛选功能，可选择集蛋台、手工集蛋或输蛋线输蛋。

6. 通风降温系统

通风降温系统主要包含负压风机、水帘及导流板等。

7. 环境控制系统

环境控制器是一种蛋鸡智能化、自动化饲养的现代化辅助设施，主要包含对鸡舍光环境调控、空气质量调控、温度调控、电力控制等功能。

三 应用典型

武汉市新洲区李集街养鸡场应用成套设备养殖蛋鸡

第二节 畜禽养殖场车辆洗消机械化技术及装备

一 技术概要

畜禽养殖的生物安全防范等级必须提高，消毒措施按三个区域（养殖场围墙以外、围墙与养殖舍之间、养殖舍内）重新评估，提高生物安全的等级。根据现在畜禽类传染病的扩散速度和广度来看，饲料厂、屠宰场和养殖场转运是三个关键的控制点，畜禽洗消中心、运输车辆容易存在交叉感染。为此所有的运输车辆在原来清洗消毒的基础上必须增加高温灭菌消毒系统。

二 装备配套

畜禽养殖场车辆洗消中心

畜禽养殖场车辆洗消中心

1. 车辆洗消中心

主要由热水高压冲洗消毒车间（以下简称“冲洗车间”）、高温杀毒烘干车间（以下简称“烘干车间”）、操作控制室、动力站等组成，还有用于对进入养殖场的车辆进行全方位冲洗消毒、高温杀毒烘干的中心站室。可有效杀灭非洲猪瘟等危害养殖场的传染性病毒。

2. 半自动控制系统

对洗消中心的冲洗车间、烘干车间洗消杀毒过程进行控制，自动控制热水温度、消毒剂加入量、洗车用水量、烘干室温度及保持时间。

3. 燃烧机供热系统

物质燃烧转化为热能，通过给风系统将热能从室外输送到烘干室内，通过控制系统控制供热量及供热时间。

4. 轴流风机热空气循环

通过对烘干室内空气进行扰流工作，促使热空气循环流动，保持室内各位置温度基本一致，均匀上升。

5. 固定式地喷

安装在预设地沟内的高压喷淋装置，用于冲洗车辆地盘。

6. 热水高压冲洗机

对冲洗用水进行快速加热并达到使用所需温度，单位时间内输出水量较大，产生一定的水冲洗压力。

三 技术要点

（1）冲洗车间对车辆底盘、车身冲洗消毒应全面彻底，不留死角。

（2）烘干车间供热系统启动后，车间内烘干温度在 10min 内上升至 65 ~ 70℃，并保持 30min 以上高温杀毒时间。

（3）冲洗车间车辆冲洗完毕后，车间内不应存在积水及污物积留现象。

（4）各操控系统应操作灵活，方便可靠。各设备设施应运行正常，工作稳定。控制系统具备手动控制功能和自动控制功能。

（5）废水（物）处理设备设施齐全。污水经过处理达到无害化指标或有关排放标准，污物经收集后使用消毒剂消毒或堆积发酵后进入垃圾处理系统。

四 应用典型

武汉市新洲区李集街蛋鸡养殖场应用成套设备给车辆进行消毒

第十章 智能农机新装备

第一节 农机自动导航驾驶技术及装备

一、技术概要

自动驾驶系统以高精度全球导航卫星系统（GNSS）为核心技术，通过电液转向控制装置和导航控制算法控制农机沿预定线路自动跟踪行走。借助 GNSS 定位，自动驾驶系统可集成土壤在线采样装置、多光谱传感器、产量传感器等，实现土壤和作物等多维度农情信息采集；基于精准农业定位处方作业思想，带有 GNSS 定位的农机自动驾驶系统可与变量作业系统有效集成，使农业机械成为实践精准农业的作业平台，从而达到提高作业精度和作业效率、减少投入成本的目的。近几年来，我国大力发展智能新兴产业，推动高端、先进、智能农机的研发、试验和应用推广。以农机自动导航驾驶技术为代表的先进、智能农机已开始量产和产业化。目前自动化农机在耕耘、栽培、收割和运输自动控制、自动排灌系统等用途上已有一些成效。

二、技术原理

农机自动导航驾驶技术是实现无人作业的核心技术，涉及计算机、电子、控制和通信等多个学科，主要包括定位、控制、规划、感知四大关键技术。农机自动导航驾驶技术应用的目的是使农机具备自主行走和自主作业的能力。在作业过程中，控制系统会不断地比较农机的真实位置与规划路径之间的偏差，向农机的转向系统发出指令，让农机快速准确地修正前进方向，使得农机始终保持在正确的航线上。同时，还要结合作业任务的特点，合理、流畅地控制农机，如拖拉机的发动机转速、升起或降下农机具，如果是播种施肥，还要精确地设定相关的作业参数。

三 装备配套

（一）东风井关 EN954 轮式拖拉机

机具特点：可实现无人驾驶作业、动力换挡换向。整机轻量化设计，离地间隙高，水旱兼用。适应烂田作业。水田适应性更好，可靠性更强。四冲程水冷涡轮增压发动机动力强劲、高扭矩、低振动、低油耗，全开放发动机机罩，方便维修保养。操作简便舒适。独有的电子液压转向技术，在耕作中无须踩离合器，一个手指就可以操作手柄，控制机器的前进后退，操作轻松方便，故障自检，安全性更高。

东风井关 EN954 轮式拖拉机

（二）丰疆智能 FJC888 全喂入收割机

机具特点：可实现无人驾驶收获作业，机收损失率更低，加高底盘、更大间隙，陷田无忧，持久高效。大直径加长脱粒筒，实现高效率、高精度的脱粒作业。可加装高品质井关技术立式打捆机，电控设计，打捆位置可调，集速度与精度于一体，实现秸秆充分利用。多功能操作手柄，轻松实现收割部上升、下降和方向修正，收割倒伏能力强，减少割台损失。配备喂入深浅控制，提高脱粒精度与效率。

丰疆智能 FJC888 全喂入收割机的作业场景

四 应用典型

2021 年，武汉市港湾永旺农机专业合作社引进智能无人驾驶拖拉机、收割机，实现了水稻种植无人化耕整和水稻无人化收割。

智能无人驾驶拖拉机、收割机的作业场景

第二节 农田信息化数据采集技术及装备

一 技术概要

农田信息化数据的缺失是中国农业智慧化的首要障碍。农田地理信息、气象信息、土壤物理化学性质、作物健康状况等农田环境数据是支撑智能化决策模型和自动精准化执行的基础。信息化手段缺失导致无法有效积累形成农业大数据库，农业智慧化进程缓慢。

随着光谱传感技术和图像处理与分析软件的日益成熟，多光谱无人机软硬件一体化程度和观测精度及易用性得到极大的发展。无人机多光谱遥感已在农业、林业、资源、生态、环境保护等领域应用日益广泛。多光谱遥感是指具有两个以上波谱通道的传感器对地物进行同步成像的一种遥感技术，它将目标物体反射辐射的电磁波信息分成若干波谱端进行接收和记录。实现多光谱遥感的传感器为多光谱相机，一次拍摄可形成多幅不同光谱的影像。

多光谱无人机，具有机动灵活、操作简便，按需获取高时空分辨率数据且应用成本低的优势，有效弥补了卫星及大型航空遥感系统在地表分辨率低、重访周期长、受水汽影响大等不足，为农田地理信息、气象信息、土壤物理化学性质、作物健康状况等农田环境数据提供了支撑智能化决策模型和自动精准化执行的基础。

二 装备配套

大疆精灵 4 多光谱无人机

大疆精灵 4 多光谱无人机

机具特点：适用于农田苗情、病虫发生等巡查。配备一体式多光谱成像系统的航测无人机，可采集高精度多光谱数据，助力农业监测与环境监察工作高效完成，单次最大可测面积约 9.5 亩。具体参数见表 10.1。

表 10.1　大疆精灵 4 多光谱无人机参数

项目	参数
重量（含电池及桨）（g）	1380
最大起飞海拔高度（m）	6000
最大可承受风速（m/s）	10
最大飞行时间（min）	约 28
工作环境温度（℃）	0 ~ 40
卫星定位模块	GPS/GLONASS 双模
视觉系统	前视视觉系统
	下视视觉系统
速度测量范围（m/s）	飞行速度≤ 10（高度 2m，光照充足）
高度测量范围（m）	0 ~ 10
精确悬停范围（m）	0 ~ 10
障碍物感知范围（m）	0.7 ~ 15

三　应用典型

大疆精灵 4 多光谱无人机在武汉市黄陂区利梓农机专业合作社进行水稻巡田试验示范，出具苗情和长势检测图。

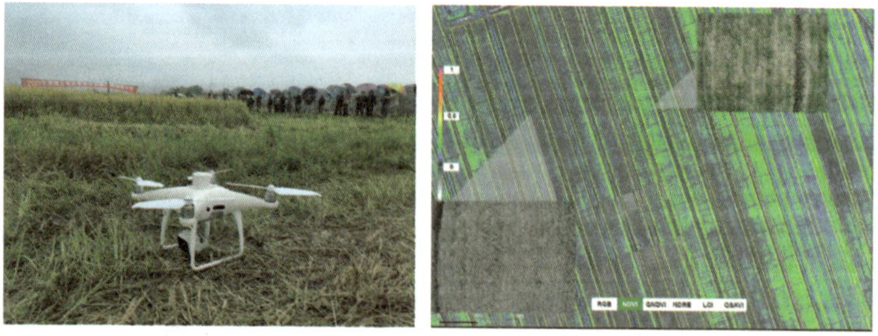

大疆精灵 4 多光谱无人机的作业场景

第十一章 智能温室新装备

第一节 智能温室装备

一、概述

智能温室可以根据作物的最佳生长条件调节温室气候，使之一年四季满足植物生长需要，不受气候和土壤条件的影响，是一种可以改变植物生长环境，避免外界人为变化和恶劣气候对其产生影响的场所，也是一种能在有限的土地上周年地生产各种不同的蔬菜、鲜花等反季节作物的温室设施。智能温室可采用智能装备对温室内部的温、光、水、肥、气等环境指标进行自动化监测和调控，根据作物生长习性和市场需要，部分甚至完全摆脱自然环境的约束，人为创造适合作物生长发育的环境条件，进行高质高效生产，以满足不同消费群体对农产品的需要。

二、性能指标

1. 透光性能

透光率是评价温室透光性能的一项基本指标，透光率越高，温室的光热性能越好。室内光照分布均匀度是表征进入温室光照质量的一个重要指标，光照越均匀，室内作物的长势就越整齐，产品的商品性能就越好。温室透光性能受温室透光覆盖材料、温室形状、朝向及骨架阴影率的限制。一般玻璃温室的透光率在 60%～70%，连栋塑料温室在 50%～60%。

2. 保温性能

加温耗能是温室冬季运行的主要制约因素，衡量温室保温性能的指标除温室围护结构的保温热阻外，温室的保温比也是一项基本指标。热阻就是材料阻止热量散失的能力，材料的热阻越大，温室的保温性能就越强。保温比是指热阻较大的温室围护结构覆盖面积和地面积之和与热阻较小的温室透光材料覆盖面积之比，保温比越大，温室的保温性能越好，一般温室的保温比均小于 1。

3. 通风降温性能

温室通风具有排除多余热量，降低空气温度以及排除室内多余水汽，降低室内空气湿度的作用，还能引入新鲜空气，补充室内光合作用造成的二氧化碳亏缺。可开窗进行自然通风降温，或者使用风机、湿帘调节温室内温度和湿度。

4. 建设投资和耐久性

温室是一种高投入、高产出的农业设施，其一次性投资较露地生产投入要高出几十倍，乃至几百倍，其建设投资的大小和使用寿命的长短直接影响每年的折旧成本和生产效益，所以温室建设必须严格控制建设投资，并要考虑选择材料的耐久性。温室中必须使用耐高温高湿、抗腐蚀能力强的钢结构材料，保证 15 年的使用寿命。

三 装备配套

（一）塑料大棚

塑料大棚有单栋和连栋两种，单跨结构的跨度一般为 8 ~ 12m，脊高 2.8 ~ 3.2m，长度 40 ~ 60m。其特点是结构简单、造价低、透光率高、升温快。一般不配置环境调控设备，保温主要靠塑料薄膜自身的保温能力，通风主要靠人工侧墙扒缝，或配置卷膜器用于侧向通风。主要缺点是空间小，机械化作业不方便，保温性能差。

塑料大棚

（二）玻璃温室

玻璃温室是最早开发的现代化温室，透光率高、整体美观。由于玻璃是刚性透光材料，所以一般玻璃温室都是尖屋顶形式。根据结构不同，玻璃温室一般分为门式钢架结构温室、桁架屋面结构温室和文洛型结构温室。其中，文洛型结构温室是世界各国应用最广、使用数量最多的玻璃温室类型，其最大特点是构件截面小、安装简单、使用寿命长、便于维护。文洛型结构温室结构单元跨度有 6.4m、9.6m、12.8m 等，屋面单元跨度 3.2m，屋面标准高度 0.8m，常用檐高有 3m、3m、4m、4m、6m 等。

玻璃温室

四 应用典型

武汉市经开区（汉南）恒大高科农业智慧农业园 30 万 m^2 智能玻璃温室

第二节　智能温室环境调控技术

一、智能温室控制系统

在温室内部营造有利于作物生长发育的局部小气候，需要随时监测和控制温室大棚中的温度、湿度、光照度、土壤湿度、二氧化碳浓度等环境因子。智能温室控制系统是集数据采集、数据分析、超限预警、远程控制、自动调节等于一体的综合性物联网系统。系统支持大屏展示，PC 端和移动端操作，手机 APP、微信小程序查看等功能。系统还可以通过手机、计算机等信息终端向管理者发送实时监测信息、报警信息，以实现温室大棚智能化远程管理。该物联网技术还可应用到温室生产的不同阶段，把不同阶段植物的表现和环境因子进行分析，反馈到下一轮的生产中，从而实现更精准的管理，获得更优质的产品。

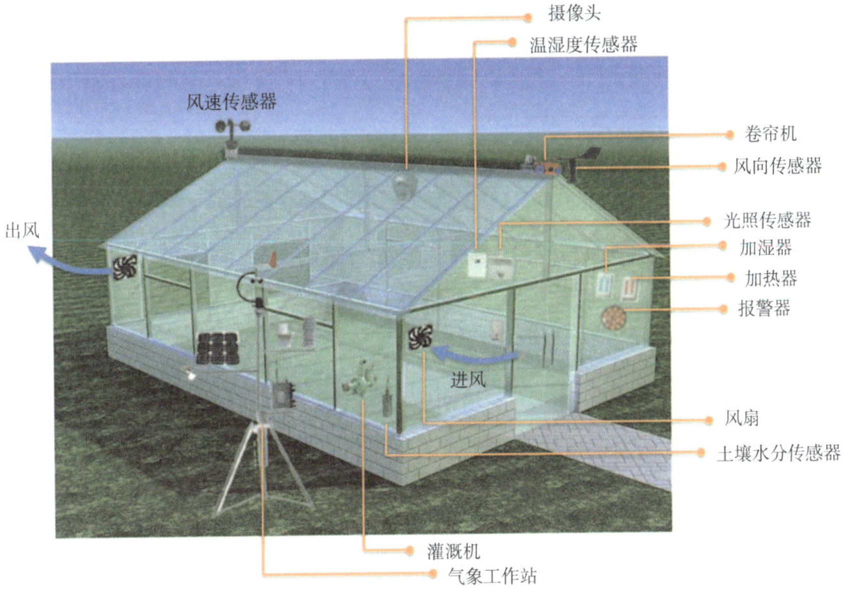

智能温室内部结构组成

二 技术要点

1. 监测传感器采集

获取空气温度、湿度、光照强度、土壤水分温度、二氧化碳浓度、叶面湿度、露点温度等环境参数及视频图像，通过模型分析，远程或自动控制湿帘风机、喷淋滴灌、内外遮阳、顶窗侧窗、加温补光、内遮阳、外遮阳、风机、湿帘水泵、顶部通风、电磁阀等设备。

2. 传输与控制

无线监控，采用终端设备 4G DTU 进行远程传输；智能测控装置、智能环境监测装置等通过远距离无线电（LoRa）、窄带物联网（NB-IoT）上传数据。通过一体化控制器可以自由控制各种农业生产执行设备，包括喷水系统和空气调节系统等。喷水系统可支持喷淋、滴灌等多种设备，空气调节系统可支持卷帘、风机等设备。

3. 云计算

对数据进行统计、分析，生成用户所需的各种报表、曲线、图形、技术指标；PC、移动终端依据访问权限，查询、浏览相关数据；通过 PC 或移动智能终端，对现场设备进行控制。

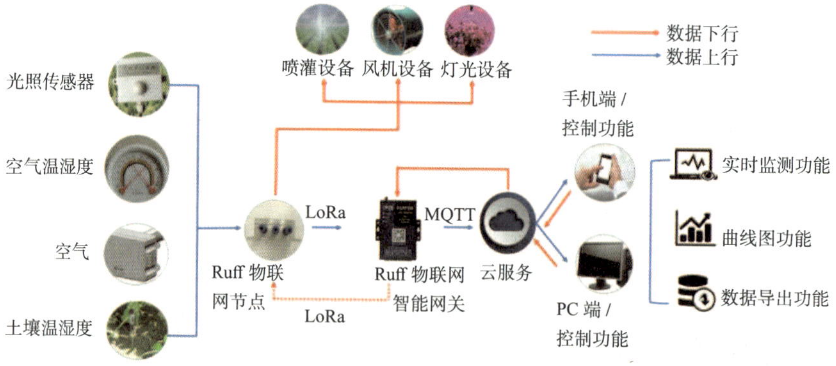

智能温室控制系统

三 温室数据监测配置

（一）温室常规传感器

1. 空气温湿度传感器

空气温湿度传感器是一种全数字化检测的高精度传感器，由高精度数字温度、湿度集成，内置信号处理单元能根据客户需求输出相应信号。

2. 照度传感器

照度传感器（变送器）采用灵敏度较高的硅蓝光伏探测器作为传感器。用户可根据不同测量场所配置不同的量程，具有测量范围宽、线性度好、防水性好、安装方便、适于远距离传输等特点。

3. 土壤水分传感器

土壤水分传感器是一种高精度、高灵敏度的土壤水分测量仪器，通过测量土壤的介电常数，能直接稳定地反映各种土壤的真实含水量。

4. 土壤温度传感器

土壤温度传感器（变送器）采用高精度热敏电阻作为感应部件，具有测量精度高、稳定性好等特点。信号变送器采用先进的电路集成模块，可根据用户的不同需求将温度转换为相应的电压或电流信号。

5. 二氧化碳传感器

二氧化碳传感器采用近红外吸收的原理，用于检测各种环境中二氧化碳的浓度，具有精度高、稳定性好等特点。

（二）主要执行设备配置

智能温室主要执行设备配置见表 11.1。

表 11.1 智能温室主要执行设备配置

名称	控制方式	继电器接口
外遮阳电机	电机 1 台	2 个（正、反转）
内遮阳电机	电机 1 台	2 个（正、反转）
负压风机	电机 1 台	1 个

续表

名称	控制方式	继电器接口
循环风机	电机 1 台	2 个
喷灌系统	电机 1 台	1 个
湿帘水泵	电机 1 台	1 个
湿帘后窗电机	电机 1 台	1 个
灯光系统	电磁阀 1 个	1 个

四 应用典型

武汉市农业科学院智能温室控制系统见下图。

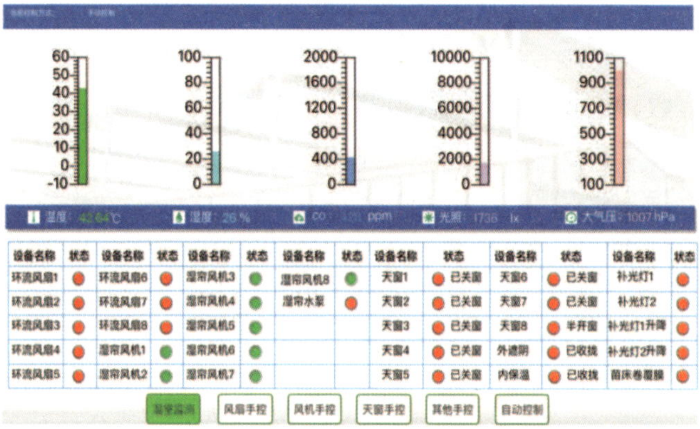

温室物联网主页

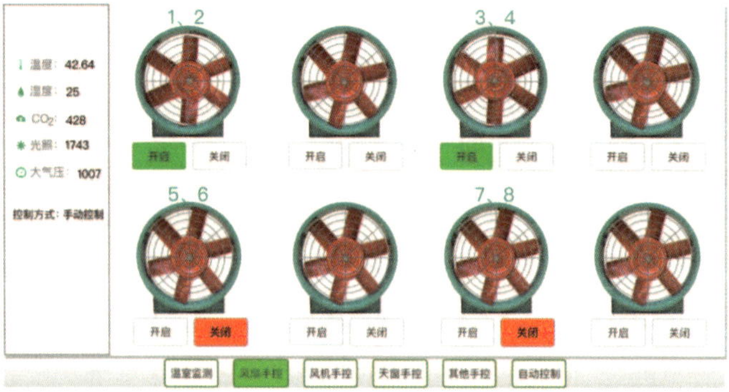

温室物联网设备控制页面

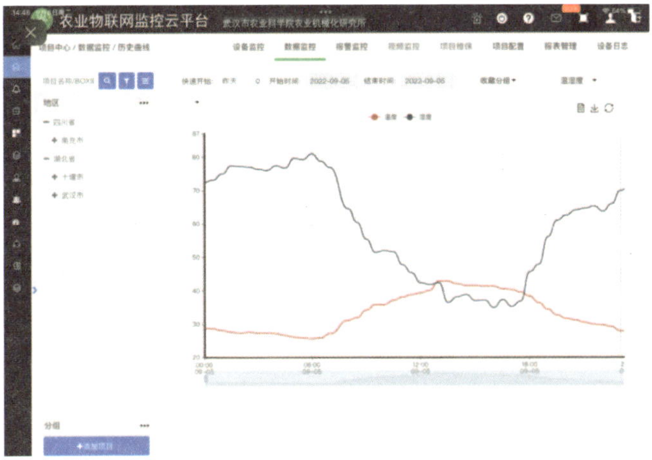

温室物联网历史数据报表

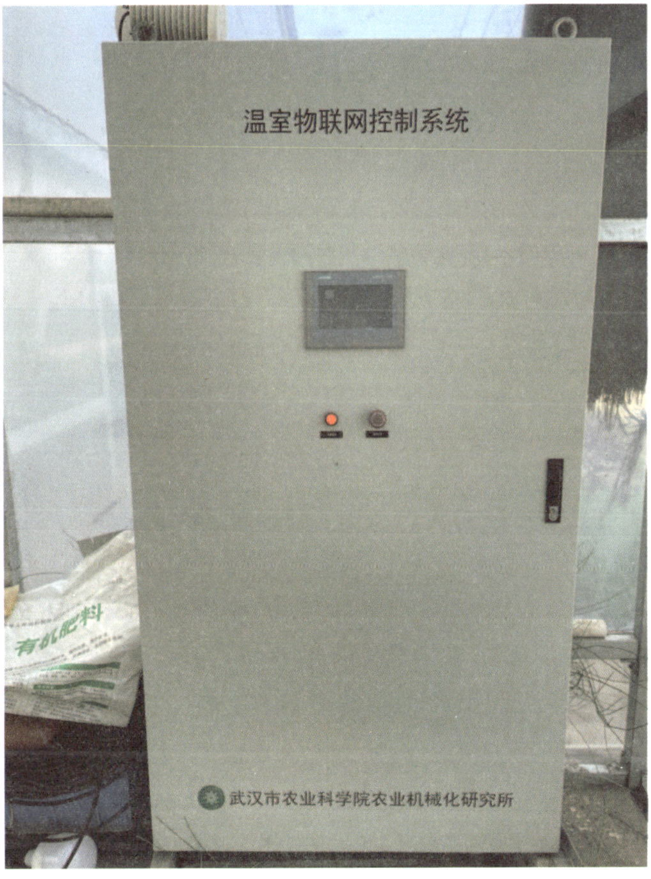

温室物联网控制系统电气控制柜

智能温室外部场景

智能温室内部场景一

智能温室内部场景二

参考文献

[1]付明星.现代都市农业:农机化技术[M].武汉:湖北科学技术出版社,2012.

[2]杨普社,杨晓红,王孝琴.设施蔬菜集成技术手册[M].武汉:湖北人民出版社,2015.

[3]邹志荣,邵孝侯.设施农业:环境工程学[M].北京:中国农业出版社,2008.

[4]马承伟.农业设施:设计与建造[M].北京:中国农业出版社,2008.

[5]农业部农业机械化管理司.设施农业:园艺装备与技术[M].北京:中国农业出版社,2010.

[6]王爱民,左丛山,宋承琦,等.武汉市水稻飞播技术应用与推广[J].湖北植保,2022,(1):10–12.

[7]左丛山,陈柳清,宋承琦,等.不同品种水稻无人机飞播与人工撒播对比试验[J].湖北农业科学,2021,60:36–38.

[8]白由路.高效施肥技术研究的现状与展望[J].中国农业科学,2018,51(11):2116–2125.

[9]陈远鹏,龙慧,刘志杰.我国施肥技术与施肥机械的研究现状及对策[J].农机化研究,2015,37(4):255–260.

[10]段友青,高广智.精准农业农机装备智能化配置[J].现代化农业,2015,(3):60–61.

[11]韩建虎.我国节水灌溉技术的几种典型模式研究[J].北京农业,2011,(33):198–199.

[12]罗锡文,廖娟,邹湘军,等.信息技术提升农业机械化水平[J].农业工程学报,2016,32(20):1–14.

[13]牛寅.设施农业精准水肥管理系统及其智能装备技术的研究[D].上海:上海大学,2016.

[14]吴小伟,史志中,王工.农机自动驾驶导航系统研究概况[J].江苏农机化,2015,(3):31–33.

[15]武洪峰.物联网技术在农机作业监控中的应用[J].现代化农业,2015,(1):64–66.

[16]袁文胜,金梅,吴崇友,等.国内种肥施肥机械化发展现状及思考[J].农机化研究,2011,33(12):1–5.

[17]柏大团,孙佃亮,邱凤翔.自动控制在节水灌溉中的应用与研究[J].江苏理工学院学报,2016,22(4):47–52.

[18]范如芹,罗佳,严少华,等.农作物秸秆基质化利用技术研究进展[J].生态与农村环境学报,2016,32(3):410–416.

[19]刘希锋，孙士明，钱晓辉，等.有机肥撒施机的种类与性能分析[J].农机化研究，2016，38(6)：259–263.
[20]王吉亮，王序俭，曹肆林，等.中耕施肥机械技术研究现状及发展趋势[J].安徽农业科学，2013，41(4)：1814–1816+1825.
[21]张圣光.北斗卫星导航系统在农业机械化中的应用与发展前景[J].现代农业科技，2014，(4)：184+189.
[22]张耘祎，陈雷.谷物烘干机械与技术应用浅析[J].江苏农机化，2017，(5)：45–47.
[23]杨晓珍.谷物烘干机自动化控制技术分析及创新发展方向研究[J].南方农机，2021，52(16)：50–52.
[24]郑乾生.油菜生产机械化装备和配套技术研究[J].农机化研究，2010，32(9)：231–234.
[25]吕磊，吴明亮，谢伟，等.油菜旋风式烘干机结构设计与试验[J].中国农学通报，2017，33(16)：152–157.
[26]谢艳群，蒋蘋，孙松林.小型可移动式油菜籽烘干机探讨[J].湖南农机，2011，38(1)：89–91+94.
[27]刘静，吴小恬，赵亚，等.果蔬热泵联合干燥技术的研究进展[J].中国果菜，2022，42(1)：8–15.
[28]吴小恬，刘静，赵亚，等.果蔬新型干燥技术的研究进展[J].中国果菜，2022，42(1)：2–7+15.
[29]吴少霜，赵纯，朱亚男，等.数字图像处理技术在果蔬分级检测中的应用[J].福建农机，2021，(3)：30–36.
[30]王国强，李胜，刘娜，等.浅谈果蔬尺寸分级机研究现状与进展[J].新疆农机化，2014，(5)：10–11.
[31]杨鹏仙，王惠玲，宗强，等.基于计算机视觉的水果自动分级系统的设计[J].石河子科技，2022，(3)：16–17.
[32]倪慧勇，刘华格.层叠式自动化控制蛋鸡舍应用效果[J].中国畜牧业，2020，(19)：55–56.
[33]刘贤云，周波，邓志刚，等.自动化蛋鸡养殖的现状及发展趋势[J].当代畜牧，2014，(14)：24–25.
[34]王次同.全自动无人化蛋鸡养殖机械推广探析[J].现代农业科技，2020，(16)：125–126.
[35]王旭.嘉鱼县青山生态蛋鸡养殖场 现代化生产装备助力中小规模蛋鸡养殖[J].中国畜牧业，2021，(3)：24.
[36]张元园.关于蛋鸡养殖中自动化技术研究[J].中国畜牧业，2021，(18)：49–50.
[37]张广斌，沈美艳，李丛丛，等.浅谈规模化肉鸡生产企业建设车辆洗消中心的必要性[J].山东畜牧兽医，2020，41(9)：50–51.
[38]吕占民，金红伟，徐贺腾，等.畜禽养殖机械化消杀防疫设备发展分析[J].中国奶牛，2021，(5)：39–42.

[39]陈乙元，耿如林，孙婉莹. 从生物安全角度出发谈猪场车辆洗消中心建设[J]. 农业展望，2020，16(2)：98–102.
[40]卢文国，郑峰，郭亮明，等. 猪场洗消中心的建设、使用与管理[J]. 养殖与饲料，2019，(6)：10–15.
[41]张海建，刘素华，李鸿志，等. 养猪场洗消中心建设技术[J]. 北方牧业，2022，(13)：19–20.
[42]康永松. 防控非洲猪瘟：做好车辆洗消的关键控制点[J]. 中国猪业，2019，14(5)：58–61.